U0266366

# 北方采暖地区既有居住建筑节能
# 改造经济激励方案研究

Research on Economic Incentive Program for Energy-
efficiency Renovation for Existing Residential Buildings
in Northern Heating Areas

金占勇　著

中国建筑工业出版社

图书在版编目（CIP）数据

北方采暖地区既有居住建筑节能改造经济激励方案研究／金占勇著 . — 北京：中国建筑工业出版社，2017.11

ISBN 978-7-112-21238-5

Ⅰ . ①北… Ⅱ . ①金… Ⅲ . ①居住建筑—采暖—建筑设计—节能设计—激励—研究—中国 Ⅳ . ① TU832.5

中国版本图书馆 CIP 数据核字（2017）第 225093 号

北方采暖地区既有居住建筑采暖能耗高、供热系统效率低下、居住热舒适度差，对其实施节能改造十分必要。但由于节能改造市场机制的不完善和经济激励政策的缺失，导致既有居住建筑节能改造举步维艰。

本书立足于如何有效推动既有居住建筑节能改造开展这一关键问题，以既有居住建筑节能改造经济激励方案为研究对象，通过对既有居住建筑节能改造现状的广泛调查研究，综合运用 Walras 一般均衡理论、帕累托最优均衡理论、非均衡理论、外部性理论、博弈论、行为经济学等理论知识，对理想状态下既有居住建筑节能改造市场经济制度的优越性、现实环境中既有居住建筑节能改造市场非均衡运行的危害、既有居住建筑节能改造外部性对帕累托最优的影响、既有居住建筑节能改造经济激励方案的设计等方面进行了研究。

责任编辑：赵晓菲　周方圆
版式设计：京点制版
责任校队：王宇枢　焦　乐

北方采暖地区既有居住建筑节能改造经济激励方案研究

金占勇　著

\*

中国建筑工业出版社出版、发行（北京海淀三里河路 9 号）
各地新华书店、建筑书店经销
北京京点图文设计有限公司制版
廊坊市海涛印刷有限公司印刷

\*

开本：787×960 毫米　1/16　印张：8¼　字数：148 千字
2017 年 7 月第一版　2017 年 7 月第一次印刷
定价：30.00 元
ISBN 978-7-112-21238-5
　　　（30870）

# 前　言

## PREFACE

过去 30 年，我国的经济发展取得了举世瞩目的成就。2010 年中国国民生产总值超越日本成为世界第二大经济体，但同时，我国也成为世界碳排放第一大国。据有关资料显示，我国能源消耗总量从 1990 年的 98703 万吨标准煤增加到了 2014 年的 426000 万吨标准煤，现已占世界能源消耗总量的 20% 以上，且存在着能源消费结构不合理、能源利用率低和环境污染严重等问题。在我国经济步入"新常态"的今天，如何充分利用新的机遇进行产业结构和能源结构的调整，大力削减高耗能高排放的煤炭等相关行业的过剩产能成为我国经济向低碳型转型以及未来可持续发展的关键。

2016 年 3 月，我国政府在两会上提出控制能源消费总量不超过 50 亿吨标准煤的目标。2016 年 4 月，国务院副总理张高丽代表中国在纽约联合国总部签署了《巴黎协定》，正式承诺我国二氧化碳排放将于 2030 年左右达到峰值并争取尽早达峰。2017 年，我国政府工作报告中明确提出要"坚决打好蓝天保卫战"。通过国家颁布的各项政策可以看出，绿色发展已经上升到国家的战略层面，而建筑能耗占社会总能耗的比例较大，需要创新我国建筑节能理念与发展模式，全面、协调推进我国建筑节能工作。

据有关数据显示，北方城镇供暖用能占据建筑能耗的 1/4 左右。环境污染与雾霾频发给北方城镇供暖造成了巨大的环保压力，并且北方典型城市的大气污染最严重的天数大都集中在冬季采暖期。研究表明，燃煤是我国雾霾产生的重要根源，而北方供暖结构性矛盾突出，尽管热电联产的比例有所增加，但燃煤锅炉仍然是最主要的供热热源。因此，如何提供现有供暖系统能源效率、减少供热导致的污染物的排放，对缓解雾霾天气、改善环境具有重要的意义。

北方采暖地区既有居住建筑采暖能耗高、供热系统效率低下、居住热舒适度差，对其实施节能改造十分必要。但由于节能改造市场机制的不完善和经济激励政策的缺失，导致既有居住建筑节能改造举步维艰。本书立足于如何有效推动既有居住建筑节能改造开展这一关键问题，以既有居住建筑节能改造经济激励方案为研究对象，通过对既有居住建筑节能改造现状的广泛调查研究，综合运用 Walras 一般均衡理论、帕累托最优均衡理论、非均衡理论、外部性理论、博弈论、行为经济学等理论知识，对理想状态下既有居住建筑节能改造市场经济制度的优越性、现实环境中既有居住建筑节能改造市场非均衡运行的危害、既有居住建筑节能改造外部性对帕累托最优的影响、既有居住建筑节能改造经济激励方案的设计等方面进行了研究。

感谢恩师刘长滨教授在本书的基础奠定中倾注了大量的心血。刘老师严谨的治学态度、一丝不苟的敬业精神、平易近人的高尚品德、积极乐观的人生态度，对我的工作和学习产生了重要影响，是我终生学习的榜样。谨向恩师致以衷心的感谢和诚挚的敬意。

感谢北京建筑大学的同事，中国建筑工业出版社赵晓菲、周方圆两位编辑以及所有帮助本书顺利出版的学者们。如果本书的出版能够对于我国的建筑节能工作发挥作用，将是笔者最大的欣慰。时光荏苒，白驹过隙，本书的出版距我初次接触建筑节能工作已有 10 年左右，在这 10 年的时间里面，我国的建筑节能工作持续、稳步往前推进，笔者愿意同社会更多仁人志士一道，共同推进中国的建筑节能事业，不忘初心，为往圣继绝学，为万世开太平！

金占勇

2017 年 5 月于北京

# 目　录
CONTENTS

# 第一章　建筑节能经济学概述

## 第一节　北方城镇供暖用能现状

中国社会对能源迫切需求的现状与旺盛趋势，以及中国能源供给的产能不够与储量不足的两大特点，决定了我国将长期面临严峻的能源问题与挑战。为了保证中国经济持续、稳定的发展，必须实施"节能优先、结构优化、环境友好"的可持续能源战略。采取可持续能源战略将会大幅度降低中国能源消耗总量及污染气体排放，图 1-1 表示的就是到 2020 年，不采取节能政策（BAU Business As Usual）和采取可持续能源政策的预测情景对比。

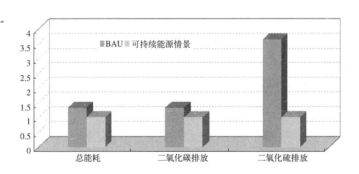

图 1-1　BAU 和采取可持续能源政策的预测情景对比

我国民用建筑运行能耗主要包括 8 类：①北方城镇建筑采暖能耗，指我国黄河领域及其以北地区的城镇建筑冬季采暖能耗；②夏热冬冷地区城镇建筑采暖能耗，指黄河流域以南地区，主要是长江流域地区的住宅建筑冬季采暖能耗；③北方农村采暖能耗；④夏热冬冷地区农村采暖能耗；⑤农村建筑除采暖外能耗，包括炊事、照明、家电等生活能耗；⑥城镇住宅除采暖外能耗，包括炊事、照明、家电、空调等城镇居民生活能耗；⑦一般公共建筑除采暖外能耗，其能耗主要包括空调系统、照明、办公用电设备、饮水设备、其他辅助设备等；⑧大型公共建筑除采暖外能耗，其能耗主要包括空调系统、照明、办公用电设备、饮水设备、电梯、其他辅助设备等。研究发现，如果去掉冬季采暖，我国南方和北方同类型建筑的能耗水平差异不大，而冬季采暖能耗差异明显。因此，为了研究方便，在涉及北方采暖地区民用建筑采暖运行能耗时，以"北方城镇建筑采暖能耗""北方农村采暖能耗"为统计科目，并未按照公共建筑和居住建筑予以区分。但是，公共建筑采暖能耗与居住建筑采暖能耗特点差异明显，为了能够更加客观地对北方采暖地区既有居住建筑采暖能耗进行研究，本书引入"北方采暖地区既有居住建筑采暖指数"的概念，即：通过计算全国城市住宅面积占全国城市建筑面积的比例，估算北方采暖地区既有居住建筑采暖面积占北方采暖地区城镇采暖面积的比例，如式（1-1）所示：

$$北方采暖地区既有居住建筑采暖指数 = \frac{\sum_{i=1}^{n}\left(\frac{城市住宅面积}{城市建筑面积}\right)_i}{n} \tag{1-1}$$

本书采用 2013 ~ 2014 年城市建筑面积、城市住宅面积作为样本（表 1-1），经计算北方采暖地区既有居住建筑采暖指数为 0.6608，即：既有居住建筑采暖面积占我国北方采暖地区城镇采暖面积的比例大约为 66.08%。据资料显示，2014 年我国北方城镇采暖面积约为 126 亿 $m^2$，单位面积采暖能耗约为 14.6kg 标准煤，总能耗约为 1.84 亿 t 标准煤。那么，将北方城镇采暖建筑面积与"北方采暖地区既有居住建筑采暖指数"相乘，经计算得：2014 年我国北方采暖地区既有居住建筑采暖面积约为 83.26 亿 $m^2$；将 2014 年北方采暖地区既有居住建筑与单位面积采暖能耗 19.0kg 标准煤相乘，经计算得：2014 年北方采暖地区既有居住建筑采暖总能耗大约为 1.58 亿 t 标准煤。如果能够实现节能 50% 的目标，一年大约可节省标准煤 0.79 亿 t，根据表 1-2 提供的折算比例，每年可实现减排 $CO_2$2.10 亿 t，$SO_2$474 万 t，CO179.3 万 t，$NO_x$28.4 万 t，HC39.5 万 t，烟尘 86.9 万 t，节能潜力和环境效益十分巨大。

1996 ~ 2007 年城市建筑面积逐年变化表 　　　　　　　　表 1-1

| 项目 ＼ 年份 | 2003 | 2004 | 2005 | 2006 | 2007 | 2008 | 2009 | 2010 | 2011 | 2012 | 2013 | 2014 |
|---|---|---|---|---|---|---|---|---|---|---|---|---|
| 城市建筑面积（亿 $m^2$） | 141 | 149 | 165 | 175 | 184 | 194 | 199 | 223 | 230.7 | 271.3 | 294 | 307 |
| 城市住宅面积（亿 $m^2$） | 89 | 96 | 108 | 113 | 118 | 123 | 136 | 144 | 151 | 188 | 208 | 213 |

数据来源：清华大学建筑节能研究中心．中国建筑节能年度发展研究报告 2016[R]．北京：中国建筑工业出版社，2016：3．

**环境效益折合计算表**　　　　　　　　表 1-2

| 污染物 | 1t 煤燃烧的污染排放量（t） |
|:---:|:---:|
| $CO_2$ | 2.66 |
| $SO_2$ | 0.06 |
| CO | 0.0227 |
| $NO_x$ | 0.0036 |
| HC | 0.005 |
| 烟尘 | 0.011 |

数据来源：王荣光，沈天行.可再生能源利用与建筑节能 [M].北京：机械工业出版社，2004：7.

既有居住建筑节能改造涉及的人口数量大，且与居民百姓的生活休戚相关。以 2015 年数据为例，我国人口总数约为 13.7 亿，其中城镇人口总数约为 7.1 亿；北方采暖地区人口总数为 4.6 亿人，其中城镇人口 2.3 亿人；北方采暖地区人口总数及其城镇人口数分别占到我国人口总数及城镇人口总数的 34.6%、37.2%，如表 1-3 所示。如果既有居住建筑节能改造能够顺利实施，将极大地提高居民的居住质量、降低居住成本，是一件惠及民生的大事。

**北方采暖地区人口构成表**　　　　　　　　表 1-3

| 地区 | 人口总数（万人） | 城镇人口数（万人） | 城镇人口比重（%） |
|:---:|:---:|:---:|:---:|
| 北京 | 2171 | 1878 | 86.50 |
| 天津 | 1547 | 1278 | 82.64 |
| 辽宁 | 4382 | 2952 | 67.35 |
| 山东 | 9847 | 5614 | 57.01 |
| 黑龙江 | 3812 | 2241 | 58.80 |
| 吉林 | 2753 | 1523 | 55.31 |
| 河北 | 7425 | 3811 | 51.33 |
| 山西 | 3664 | 2016 | 55.03 |
| 内蒙古 | 2511 | 1514 | 60.30 |
| 宁夏 | 668 | 369 | 55.23 |
| 陕西 | 3793 | 2045 | 53.92 |
| 青海 | 588 | 296 | 50.30 |
| 新疆 | 2360 | 1115 | 47.23 |
| 西藏 | 324 | 90 | 27.74 |
| 甘肃 | 2600 | 1123 | 43.19 |

| 地区 | 人口总数（万人） | 城镇人口数（万人） | 城镇人口比重（%） |
|---|---|---|---|
| 总计 | 48445 | 22554 | 57.52 |
| 全国 | 137642 | 77116 | 56.10 |
| 比重（%） | 35.2 | 29.2 | — |

数据来源：2016 年《中国统计年鉴》

因此，从"能源节约""环境保护""惠及民生"等多个方面来看，既有居住建筑节能改造势在必行。但是，如何推动北方采暖地区既有居住建筑节能改造的顺利进行，是相关主管部门必须思考和解决的一个关键问题。按照西方经济学的相关理论，市场经济制度通常是一种有效的资源配置手段；但是目前，既有居住建筑节能改造实施面临重重困难。因此，本书在北方采暖地区既有居住建筑节能改造的特征进行深入分析的基础上，首先研究并论证理想状态下，市场经济制度是否能够推动既有居住建筑节能改造的顺利开展；其次，研究非均衡运行和外部性存在的情况下，既有居住建筑节能改造市场是否仍然能够推动既有居住建筑节能改造领域的持续运转，并讨论如何通过设置合理有效的经济激励措施，从既有居住建筑市场供给和需求两侧提高相关主体参与既有居住建筑节能改造的意愿，并进而将既有居住建筑节能改造意愿转化为既有居住建筑节能改造行为的机制和方案。

# 第二节　建筑节能经济学研究目的及意义

## 一、研究目的

本书通过运用 Walras 一般均衡理论、帕累托最优均衡状态理论、非均衡经济学、外部性理论、博弈论和制度经济学等多学科知识，结合我国北方采暖地区既有居住建筑节能改造的现状及特点，分别研究理想状态下和现实状态下，既有居住建筑节能改造资源配置和利用的一般性机理及规律，希望能为我国既有居住建筑节能改造经济激励的可行性、必要性提供理论支撑，为我国既有居住建筑节能改造经济激励方案设计提供理论基础，进而提出既有居住建筑节能改造经济激励方案。通过本书研究预期实现以下目的：规范既有居住建筑节能改造的相关概念及内容，实现对既有居住建筑节能改造工程体系和制度体系的系统认识；利用 Walras 均衡理论和帕累托最优均衡状态理论，分析理想状态下既有居住建筑节能改造市场一般均衡的存在性、唯一性及最优性，为既有居住建筑节能改造经济激励长远目标的"建立节能改造服务市场"奠定理论基础；通过对既有居住建筑节能改造的非均衡性、外部性研究，分析市场失灵既有居住建筑节能改造的影响和危害，制定推动既有建筑节能改造市场顺利形成并发挥作用的战略路径；在借鉴国外既有居住建筑节能改造经济激励方案的基础上，建立政府部门和供热企业的动态博弈模型、热用户的经济行为模型，明确既有居住建筑节能改造的经济激励机制；结合北京市既有居住建筑节能改造经济激励现状，确定现阶段北京市既有居住建筑节能改造经济激励方案。所以，通过本项研究逐步完善既有居住建筑节能改造领域经济激励的相关理论，为政府部门制定既有居住建筑节能改造经济激励方案提供相应的理论依据。

### 二、研究意义

#### （一）研究的理论意义

本书研究了理想状态下既有居住建筑节能改造市场一般均衡的存在性、唯一性及最优性；现实状态下既有居住建筑节能改造市场失灵与经济激励各自形成及相互作用的机理。理论意义具体体现在以下几个方面：

1. 有助于推动既有居住建筑节能改造经济激励理论的研究

本书通过研究理想状态下，当资源配置得当、生产结构合理时，既有居住建筑节能改造领域供热企业利润最大化、热用户个人效用最大化、社会福利最大化能够同时实现的结论，为既有居住建筑节能改造经济激励的可行性提供了重要的理论支撑。通过研究现实市场条件下，非均衡性、外部性导致既有居住建筑节能改造领域市场失灵的现状及其危害，为既有居住建筑就节能改造经济激励的必要性提供了理论依据。

2. 有助于科学地解释既有居住建筑节能改造经济激励机制设计的机理

既有居住建筑节能改造经济激励是伴随着北方采暖地区既有居住建筑节能改造的工程实践发展而产生的，但目前研究多集中在既有居住建筑的能耗水平、节能改造的技术、投融资模式等现实问题，缺乏对其产生机理的深入探讨。因此，研究既有居住建筑节能改造的经济激励机制设计，将有助于科学合理地解释既有居住建筑节能改造经济激励方案。

（二）研究的实践意义

本书研究来源于北方采暖地区既有居住建筑节能改造实践发展的需要，旨在解决既有居住建筑节能改造进展缓慢的问题，因此具有较强的现实应用意义。

1. 有利于解决既有居住建筑节能改造激励的缺失

我国自开展建筑节能工作以来，分别在税收调节、贷款优惠、财政补贴、基金支持以及其他激励措施方面制定了一系列建筑节能经济激励方案。但是，一方面这些政策目前大部分没有得到有效落实，相对于发达国家，我国建筑节能经济激励方案存在整体缺失；另一方面该部分政策大多针对新建建筑、政府办公建筑和大型公共建筑，针对既有居住建筑节能改造经济激励的措施匮乏，导致既有居住建筑节能改造进展缓慢。

2. 有利于既有居住建筑节能改造市场的启动及发挥作用

既有居住建筑节能改造具有较强的非均衡性和外部性，属于市场失灵领域，因此，政府需要实施相应的激励方案，一方面鼓励相关利益主体加大对既有居住建筑节能改造的资金投入，逐步形成既有居住建筑节能改造市场和刺激相关的产业链发展；另一方面提高消费者参与既有居住建筑节能改造的积极性，通过扩大需求来拉动既有居住建筑节能改造市场的发展。通过经济激励方案的构建，以有限的财政资金诱导社会资金进入既有居住建筑节能改造市场，保障既有建筑节能改造有充足的资金保障。

# 第三节　研究内容和研究方法

## 一、研究对象

北方采暖地区既有居住建筑节能改造的研究对象为：①北方采暖地区的既有居住建筑，即截至目前处于严寒及寒冷地区的，包括北京市、河北省、新疆维吾尔自治区等 15 个省、自治区、直辖市在内的，已建成 2 年以上且已投入使用的、供人们居住使用的建筑。②既有居住建筑节能改造内容，主要包括：既有居住建筑室内采暖系统热计量及温度调控、热源及管网热平衡及建筑围护结构等三方面改造。③供热形式，选取"以热水为供热介质，适合热计量的室内管网系统，以区域锅炉房、热电厂、多热源为热源"的集中供热系统。④节能改造体系，既包括"建筑围护结构节能改造、建筑室内采暖系统热计量及温度调控改造、热源及管网热平衡改造"等为主要内容的既有居住建筑节能改造工程体系，也包括以"停止福利供热，实行用热商品化、货币化，建立符合我国国情和市场经济体制要求的城镇供热新体制"等为主要内容的供热体制改革制度体系。

北方采暖地区既有居住建筑节能改造经济激励的研究对象：①国外既有居住建筑节能改造的背景、步骤、效果和经济激励的先进经验。②既有居住建筑节能改造经济激励机制，具体包括激励主体、激励目标、激励对象、激励方式。③既有居住建筑节能改造经济激励方案，具体包括经济激励政策类型、激励方案制定原则、不同阶段经济激励方案的具体内容。

## 二、研究内容

本书的研究目标是为我国北方采暖地区既有居住建筑节能改造顺利开展提供理论基础，以及为政府制定经济激励政策提供建议。本书的研究内容如下：

（一）既有居住建筑节能改造市场的 Walras 均衡与社会福利最大化

在研究国内外文献的基础上，结合我国既有居住建筑节能改造发展现状，热用户和供热企业的经济活动是既有居住建筑节能改造产品市场和生产要素市场的供求关系的连接点。个人可支配收入、个人偏好、热商品价格及不同供热企业提供的热商品价格之比影响热用户的消费决策；自身经济实力、经济效益的大小影响供热企业的生产决策。当热用户个人效用最大化和供热企业利润最大化同时得到满足时，既有居住建筑节能改造领域 Walras 均衡状态存在，该均衡状态符合"帕累托最优状态"。

（二）既有居住建筑节能改造的市场失灵及其危害

在北方采暖地区供热市场领域，热价无法通过市场自由竞争形成，只能通过政府模拟市场机制进行管理，变化迟钝，导致价格体系无法及时地反映最优商品转换比率和要素相对稀缺程度，造成热资源配置失效，导致北方采暖地区供热市场无法正常运行。此外，拒绝实施节能改造，继续采取粗放式、非节能型的供暖、用暖策略的热用户和供热企业的消费负外部性和生产负外部性，实施节能改造、采取集约式、节能型供暖、用暖策略的热用户和供热企业的消费正外部性和生产正外部性，都将导致既有居住建筑节能改造市场经济制度面临市场失灵的危险，无法有效地配置资源。只有当政府部门采取科学、合理的经济激励方案调动相关主体参与既有居住建筑节能改造的积极性时，既有居住建筑节能改造才可能顺利开展。

（三）既有居住建筑节能改造经济激励机制

在实施既有居住建筑节能改造经济激励过程中，政府的主要目标是"建立既有居住建筑节能改造市场"，形成推动既有居住建筑节能改造发展的长效机制；供热企业的主要目标为在符合政策制度要求的前提下，实现自身利益的最大化，因而政府部门与供热企业之间存在完全信息动态博弈；热用户在追求个人效用最大化的同时，其经济行为也受到其自身对节能改造的态度、其自身储蓄行为和从众行为的影响，因而政府部门不仅要对其实施经济激励，还需对其加强宣传教育。此外，既有居住建筑节能改造经济激励方案还受到既有居住建筑节能改造模式、既有居住建筑节能改造市场所处市场生命周期阶段的影响。基于上述研究，明确了既有居住建筑节能改造经济激励的激励主体、激励目标、激励对象、激励方式，确立了既有居住建筑节能改造经济激励方案的政策类型、设计原则、具体内容。

三、研究方法

（一）文献研究与实地调研相结合

本书通过广泛查阅国内外相关文献资料，采用文献法对北方采暖地区既有居住建筑节能改造相关领域的研究现状以及相关概念进行了综述和界定，这些文献中的研究成果不仅为本书选题和分析提供了理论基础，而且在研究方法论上也具有重要的启示作用。在此基础上，为了深入了解我国北方采暖地区既有居住建筑节能改造经济激励现状，作者参加了住房城乡建设部的建筑节能基本情况调研，采用问卷调查、召开座谈会、访谈和考察实际工程等方法对全国22个典型城市进行了较为全面的调研，最后在分析和总结这些资料的基础上，总结出了我国既有居住建筑节能改造经济激励政策的实施现状、发展障碍和未来趋势等。

（二）系统分析法

既有居住建筑节能改造经济激励是一项涉及能源、经济和政策的复杂系统，其制定过程中涉及既有居住建筑的采暖方式、既有居住建筑节能改造的技术体系、北方城镇供热体制改革、既有居住建筑节能改造市场发展阶段等很多相关因素。推动北方采暖地区既有居住建筑节能顺利发展是其最直接的目的，虽然短期内政府部门可以通过政府命令直接产生，但既有居住建筑节能改造经济激励对既有居住建筑节能改造的推动并非经济政策制定与执行的简单反馈，而是涉及一系列相关经济、政策因素直接和间接产生作用的一个复杂的动态过程，具有较强的系统性和复杂性。因此，需要运用系统论的方法，综合分析作用于热用户和供热企业的既有居住建筑节能改造经济激励方案。

（三）定性分析与定量分析相结合

通过定性分析的方法确定既有居住建筑集中供热与节能改造的关系，并明确了既有居住建筑节能改造体系的系统构成；通过建立由热用户和供热企业的经济活动将产品市场和生产要素市场的供求关系连接起来的"既有居住建筑节能改造微观研究理论体系框架"，运用 Walras 一般均衡理论定量研究了既有居住建筑节能改造领域合理的要素配置与生产结构，并通过帕累托最优理论证明了该状态符合"帕累托最优状态"，理想状态下，市场经济制度是解决既有居住建筑资源配置和资源利用的最优手段。运用非均衡理论和外部性理论论证了政府部门实施既有居住建筑节能改造经济激励方案的必要性和迫切性。在通过对既有居住建筑节能改造参与主体行为建模的基础上，建立了政府和供热企业的完全信息动态博弈模型，并求出了均衡解，结论证明政府是否制定经济激励将对供热企业具有较大的影响。在定量研究了包头市口岸花苑小区既有居住建筑节能改造项目和宁夏吴忠市朝阳家园既有居住建筑节能改造项目增量成本的基础上，结合既有居住建筑节能改造市场生命周期理论，提出了北方采暖地区既有居住建筑节能改造经济激励方案。

# 第二章 既有居住建筑节能改造的特征分析

## 第一节 北方采暖地区既有居住建筑节能改造的含义

### 一、既有居住建筑的概念及范围

我国处于北半球的中低纬度地区，地域辽阔，从南到北分别跨越严寒、寒冷、夏热冬冷、温和以及夏热冬暖等多个气候带。按照中国国家标准《建筑气候区划标准》GB 50178—1993，北方采暖地区主要位于严寒地区和寒冷地区。

《民用建筑设计通则》GB 50352—2005 中规定："居住建筑 residential building，是指供人们居住使用的建筑"，包括：住宅、别墅、宿舍、公寓等。《民用建筑可靠性鉴定标准》GB 50292—2015 中规定："已有建筑物 existing building，是指已建成二年以上且已投入使用的建筑物。"所以，既有居住建筑是指截至某一时点已建成二年以上且已投入使用的、供人们居住使用的建筑。

根据《北方采暖地区既有居住建筑供热计量及节能改造奖励资金管理暂行办法》中的相关规定，"北方采暖地区"是指：北京市、天津市、河北省、山西省、内蒙古自治区、辽宁省、吉林省、黑龙江省、山东省、河南省、陕西省、甘肃省、青海省、宁夏回族自治区、新疆维吾尔自治区等 15 个省、自治区、直辖市。

因此，北方采暖地区既有居住建筑是指截至目前处于严寒及寒冷地区的，包括北京市、河北省、新疆维吾尔自治区等 15 个省、自治区、直辖市在内的，已建成二年以上且已投入使用的、供人们居住使用的建筑。

### 二、既有居住建筑节能改造的概念及内容

《民用建筑节能条例》第二十四条规定："既有建筑节能改造，是指对不符合民用建筑节能强制性标准的既有建筑的围护结构、供热系统、采暖制冷系统、

照明设备和热水供应设施等实施节能改造的活动。"

根据《北方采暖地区既有居住建筑供热计量及节能改造实施方案》（建科〔2008〕95 号），既有居住建筑节能改造是指对北方采暖地区的既有居住建筑室内采暖系统热计量及温度调控、热源及管网热平衡及建筑围护结构等实施节能改造的活动。本书所称既有居住建筑节能改造是指北方采暖地区既有居住建筑节能改造。

根据《北方采暖地区既有居住建筑供热计量及节能改造实施方案》（建科〔2008〕95 号），既有居住建筑节能改造包括三方面内容：建筑围护结构节能改造、建筑室内采暖系统热计量及温度调控改造、热源及管网热平衡改造。

通过既有居住建筑节能改造的内容可知：既有居住建筑节能改造不仅包含既有居住建筑本身的改造，也包括对集中供热系统的改造；既有居住建筑本身的改造与集中供热系统的改造两者之间相辅相成、互为补充、互相制约，只有实现二者的匹配，才能使既有居住建筑节能改造取得事半功倍的效果。因此，在研究既有居住建筑节能改造工程体系之前，有必要对既有居住建筑采暖方式与节能改造的关系进行研究，从而明确既有居住建筑节能改造与集中供热系统改造的内在联系，使既有居住建筑节能改造得以顺利开展。


# 第二节　既有居住建筑采暖方式与节能改造的关系分析

## 一、既有居住建筑分散采暖的可行性分析

我国北方城镇约有 30% 左右的建筑采用各类分散热源方式采暖，主要包括：分户燃煤炉、分户燃气采暖、分散的电热采暖、电力驱动的分散空气源热泵等。

### （一）分户燃煤炉

分户燃煤炉，是指用蜂窝煤或其他燃煤的小火炉或家庭土暖气采暖。这种采暖方式主要分布在低收入群体居住区、小城镇、大城市的城乡交界区等处，其燃料利用率在 15% ~ 60% 之间，采暖效果不佳，而且还会造成较为严重的空气污染和环境污染，随着经济的发展、技术的进步，这种采暖方式将逐渐被其他清洁采暖方式取代。

## （二）分户燃气采暖

分户燃气采暖，是指采用分户的小型燃气热水炉为热源，通过散热器或地板辐射方式进行采暖。这种采暖方式采暖效果好，能耗转换率可达 90% 以上，而且排放的 $NO_x$ 浓度也低于一般的中型和大型燃气锅炉，是一种理想的供热采暖方式。但是，其最大的问题是受天然气供应范围和数量的影响较大，短时间内难以全面普及。

## （三）分散的电热采暖

分散的电热采暖，是指各种直接把电转换为热量满足室内采暖要求的方式。但是，由于我国冬季北方地区的电力基本上来源于火力发电，据统计火力发电平均效率为 341gce/kW·h，70kW·h 的电力需要 23.9kgce，高于各种集中供热方式的煤耗。所以，其适用性也不强。

除上述方式外，还有采用电力驱动的分散空气源热泵等方式，但都只占极小的比例。总体来看，我国北方城镇的这些分散采暖方式折合成燃煤的话，平均能耗在 25 ~ 30kgce/（$m^2$·a）。

因此，在某些大城市分户燃气采暖可能成为未来城市供热采暖的最适宜的、最重要的采暖方式，比如北京市就正在推广燃气挂炉采暖，但就宏观趋势来看，分散采暖方式在北方采暖地区既有居住建筑中所占的比例将会逐渐缩小。

## 二、既有居住建筑集中供热与节能改造的关系分析

在我国北方城镇 70% 以上的民用建筑采用集中供热方式采暖。集中供热是指由一个或几个热源通过热力网向一个区域，或城市（镇）的各个热用户供热的方式。集中供热系统由热源、热力网和热用户等三个部分组成。在实施既有居住建筑节能改造过程中，集中供热系统供热能力的大小、热源热介质的品质及参数、热源侧供热系统的形式、室外供热管网的分布与运行、室内供热系统的形式、热用户居住建筑各项性能指标等的不同，都将对北方采暖地区既有居住建筑节能改造产生直接的影响。因此，必须对民用建筑集中供热的各个组成部分的性能和特点进行研究，并根据研究结果确定适宜的既有居住建筑节能改造方案。

## （一）集中供热系统规模

集中供热系统的规模不宜太小，根据住房城乡建设部关于《城市集中供热当前产业政策实施办法》，对集中锅炉房供热系统的最小规模规定：特大城市供

热能力在 50GJ/h 以上；大中城市供热能力在 25GJ/h 以上；小城市供热能力在 10GJ/h 以上；工业企业供热能力不得小于 25GJ/h。

**（二）集中供热热负荷**

通常民用建筑多采用"面积热指标法"来确定热负荷，如式（2-1）所示：

$$Q_n = q_{n.f} F \times 10^{-3} \tag{2-1}$$

其中：$Q_n$ 为建筑物的供暖热负荷，kW；$F$ 为建筑物的建筑面积，$m^2$；$q_{n.f}$ 为建筑物的供暖面积指标，$W/m^2$。如表 2-1 所示。

供暖面积热指标推荐值（$W/m^2$）　　　　表 2-1

| 建筑物类型 | 住宅 | 居住区综合 | 医院托幼 | 旅馆 |
|---|---|---|---|---|
| 未采取节能措施 | 58 ~ 64 | 60 ~ 67 | 65 ~ 80 | 60 ~ 70 |
| 采取节能措施 | 40 ~ 45 | 45 ~ 55 | 55 ~ 70 | 50 ~ 60 |

注：表中已包含 5% 的管网热损失。

数据来源：崇功. 供热工 [M]. 北京：化学工业出版社，2007（10）：56.

**（三）集中供暖年耗热量**

集中供热系统的年耗热量是指各类热用户年耗热量的总和。各类热用户的年耗热量的计算方法如式（2-2）所示：

$$Q_n^a = 0.0864 Q_n N (t_n - t_{pj}) / (t_n - t_{w.n}) \tag{2-2}$$

其中：$Q_n^a$ 为供暖年耗热量，GJ/a；$N$ 为供暖期天数，d，见《暖通设计规范》；$t_n$ 为供暖室内计算温度，℃，见《暖通设计规范》；$t_{w.n}$ 为供暖室外计算温度，℃，见《暖通设计规范》；$t_{pj}$ 为供暖室外平均温度，℃，见《暖通设计规范》；0.0864 为公式简化和单位换算后的数值，（$0.0864 = 24 \times 3600 \times 10^{-6}$）

**（四）集中供热热介质**

集中供热热介质主要有热水和蒸汽。采用何种介质，应根据建筑物的用途、供热情况、热源情况以及当地气象条件等因素，经技术经济综合比较后确定。

热水的主要优点包括：①热能利用效率高；②调节方便；③热水蓄热能力强，热稳定性好；④输送距离长，一般可输送 5 ~ 10km，甚至 15 ~ 20km；⑤热损失小。但热水的缺点是电能消耗量大。

相比之下，蒸汽的主要优点包括：①适用范围广，可以满足多种热用户的需要；②输送靠自身压力，不用循环水泵，不用耗电；③蒸汽的密度小，在一些地形起伏很大的地区或高层建筑中，不会产生像热水系统那样大的静水压力，用户连接方式简单，运行比较方便；④蒸汽热交换能力强，热用户的用热设备面积可以减小，节约设备投资。但是，蒸汽存在着缺点：①能源利用效率低；②蒸汽使用后凝结水回收困难，而且热损失大；③蒸汽在使用和输送过程中损失大；④比热水介质输送距离短，一般可以输送 3～5km，最大可以输送 5～7km。

因此，根据上述比较，对于民用建筑物供暖及生活热水供热供应的集中供热系统，热网宜采用热水作为供热介质。

（五）集中供热介质参数

集中供热系统热水的供、回水温度，应结合具体的热源、管网、用户内系统等各方面的因素，进行技术经济比较确定。目前，较为普遍的热水热力网供、回水温度设计，如表 2-2 所示。

**集中供热系统供回水温度设计**　　　　　　　　　　表 2-2

| 集中供热系统 | | 供水温度 | 回水温度 | 注意事项 |
| --- | --- | --- | --- | --- |
| 热电厂 | | 110℃～150℃ | 70℃～80℃ | ◇尽可能降低抽排气参数<br>◇直接供热时，供水温度可取较小值<br>◇间接供热时，供水温度可取较大值 |
| 区域锅炉房 | 规模较小 | 95℃ | 70℃ | 区域锅炉房和热电厂联网运行时，应采用热电厂为热源的热力网的最佳供、回水温度 |
| | | 80℃ | 60℃ | |
| | 规模较大 | 110℃ | 70℃ | |
| | | 130℃ | 70℃ | |
| | | 150℃ | 70℃ | |
| 二级管网 | | 95℃ | 70℃ | 二级管网供、回水温度，可根据一级管网供回水温度、卫生要求和热用户的需要，经过技术经济比较后确定 |
| | | 85℃ | 65℃ | |
| | | 80℃ | 60℃ | |
| | | 65℃ | 50℃ | |

数据来源：崇功．供热工 [M]．北京：化学工业出版社，2007（10）：60.

（六）集中供热系统形式

在北方采暖地区既有居住建筑领域，集中供热系统主要包括三大类七种形式。三大类为：①区域锅炉房供热系统。②热电厂供热系统，它是一种利用供热汽轮机驱动发电机产生电能后产生的抽（排）汽供热的供热系统。③多热源集中供热系统，是指在大中型城市中，由 2 个或 2 个以上热源组成的集中供热系统。具体的七种形式包括：区域热水锅炉房供热系统、区域蒸汽锅炉房供热系统、抽气式热电厂热水供热系统、背压式热电厂热水供热系统、主热源与调峰锅炉房串联热水供热系统、热电厂与区域锅炉房环状网并联热水供热系统、热电厂与区域锅炉房枝状网并联热水供热系统。

（七）室外供热管网系统

集中供热系统中，供热管道把热源与热用户连接起来，将热介质输送到各个用户。管道系统的布置形式取决于热介质、热源与热用户的相对位置和热用户的种类、热负荷的大小和性质等。集中供热管网，从布置形式上分，分为枝状布置和环状布置；从结构层次上分，分为一级管网和二级管网。为了满足热用户的用热需求，除了合理确定管网选线、管网敷设、仔细观测管网的水力工况等内容外，需要特别注意供热管道的保温结构和运行维护。

（八）室内供暖系统形式

热水供暖系统，按系统循环动力的不同，可分为重力循环热水供暖系统和机械循环热水供暖系统；按供回水方式的不同，可分为单管系统和双管系统。其主要组成内容包括：散热器、供水干管、回水干管、散热器供回水支管、膨胀水箱、闸阀循环水泵等组成。适合热计量的室内供暖系统形式大体分为两种：一种是沿用传统的垂直上下贯通的所谓"单管式"或"双管式"系统；另一种是适应按户设置热量表形成的单户水平式系统。

（九）集中供热热用户含义

从市场的角度，热用户指的是热消费者；从节能改造的角度，热用户应该包括建筑物本身，主要是指围护结构，如房屋的门、窗，建筑物屋顶、外墙、楼门等。

在我国北方城镇 70% 以上的民用建筑采用集中供热方式采暖的大背景下，通过既有居住建筑与节能改造分析的各小节的研究，明确了集中供热方式各个组成部分的参数构成，并根据可行性、可操作性的原则，选择以热水为供热介质、适合热计量的室内管网系统，以区域锅炉房、热电厂、多热源集中供热系统等为特征的既有居住建筑作为节能改造的研究对象。


# 第三节　既有居住建筑节能改造体系分析


## 一、既有居住建筑节能改造体系的构成

既有居住建筑节能改造是一项系统工程，它一方面包括以"建筑围护结构

节能改造、建筑室内采暖系统热计量及温度调控改造、热源及管网热平衡改造"等为主要内容的既有居住建筑节能改造工程体系，另一方面包括以"停止福利供热，实行用热商品化、货币化，建立符合我国国情和市场经济体制要求的城镇供热新体制""逐步推行按用热量分户计量收费办法，确立热能消费意识，提高节能积极性，形成节能机制""采取扶持政策，加快城镇现有住宅节能改造和供热采暖设施改造，提高热能利用效率和环保水平""实行城镇供热特许经营制度，引入竞争机制，深化供热企业改革，积极规范城镇供热市场"等为主要内容的北方城镇采暖供热体制改革制度体系，如图 2-1 所示。因此，要想制定科学合理的既有居住建筑节能改造经济激励方案，就必须分析既有居住建筑节能改造工程体系、北方城镇采暖供热体制改革制度体系的内在属性和外在特征，在此前提下，逐步建立起既有居住建筑节能改造市场、北方采暖地区供热市场，通过市场手段推动整个既有居住建筑节能改造工作的开展。

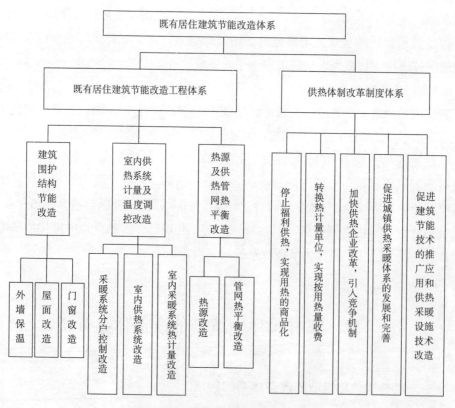

图 2-1　既有居住建筑节能改造体系

## 二、既有居住建筑节能改造工程体系

### (一) 建筑围护结构节能改造

据统计，我国现有的房屋建筑大部分是 20 世纪 80 ～ 90 年代建筑，能够达到民用建筑节能设计标准的仅占全部城乡建筑面积的千分之几，绝大多数建筑的围护结构保温隔热性能差，其传热系数同与我国气候相近的工业发达国家相比，外墙为其 3.5 ～ 4.5 倍，外窗为其 2 ～ 3 倍，屋面为其 3 ～ 6 倍，门窗空气渗透为其 3 ～ 6 倍，单位建筑面积平均能耗高出发达国家的 2 ～ 4 倍。因此，在既有居住建筑节能改造时，首先必须加强对围护结构的改造。围护结构改造主要包括三大方面，具体为：

#### 1. 外墙保温

在我国严寒地区，即使厚度为 370mm 和 490mm 的红砖外墙，也未能达到国内的节能标准。按照保温材料所处位置的不同，外墙保温主要有三种形式：外墙内保温、外墙外保温及夹芯保温。夹芯保温不适合旧楼改造，而内保温和外保温又各有利弊。

外墙内保温是在墙体结构内侧覆盖一层保温材料，通过胶粘剂固定在墙体结构内侧，之后在保温材料外侧作保护层及饰面。目前，外墙内保温多采用粉刷石膏作为粘接和抹面材料，通过使用聚苯板或聚苯颗粒等保温材料达到保温效果。其优点是技术简单、造价较低，但是存在着：①保温隔热效果差，外墙平均传热系数高；②热桥保温处理困难，易出现结露现象；③占用室内使用面积，破坏住户的装修；④保温层易出现裂缝等问题。

外墙外保温是在主体墙结构外侧在粘接材料的作用下，固定一层保温材料，并在保温材料的外侧用玻璃纤维网加固并涂刷粘结胶浆。目前主要流行有聚苯板薄抹灰外墙保温、聚苯板现浇混凝土外墙保温、聚苯颗粒浆料外墙保温等 3 种外保温操作方法。外墙外保温与内保温相比，具有：①保护主体结构，延长建筑物寿命；②基本消除"热桥"的影响；③使墙体潮湿情况得到改善；④有利于室温保持稳定；⑤便于旧建筑物进行节能改造；⑥可以避免装修对保温层的破坏；⑦增加房屋使用面积等 7 大方面的优势。据统计，以北京、沈阳、哈尔滨、兰州的塔式建筑为例，当主体结构为实心砖墙时，每户使用面积分别可增加 1.2m²、2.4m²、4.2m² 和 1.3m²，经济效益十分明显。但是，外墙外保温技术也存在着施工难度大、保温层容易脱落、外保温层裂缝较难处理等一系列问题。

但综合而言，外墙外保温技术优势明显，代表着外墙保温技术在我国既有居住建筑节能改造领域的发展趋势。保温改造前外墙构造、保温改造后外墙构造，分别如图 2-2、图 2-3 所示。

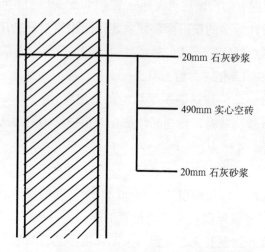

20mm 石灰砂浆

490mm 实心空砖

20mm 石灰砂浆

图 2-2　保温改造前外墙构造

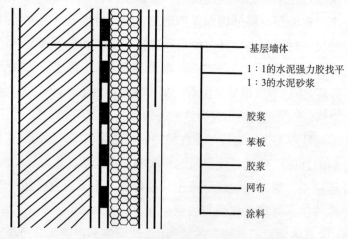

基层墙体
1：1的水泥强力胶找平
1：3的水泥砂浆

胶浆

苯板

胶浆

网布

涂料

图 2-3　保温改造后外墙构造

2. 门窗改造

门窗造成的热量损失主要包括三个方面：一是门窗的导热损失，与门窗的传热系数有关；二是门窗冷风渗透的热损失，这与门窗的气密性有关；三是门窗冷风侵入的热损失，这与人们的生活习惯密切相关。因此，门窗节能改造主要包括两方面措施：一是安装自闭式保温入楼门，在严寒地区建筑物单元入口加设门斗、安双层门。二是对建筑物窗体进行改造，具体措施包括：①将外窗直接换成节能型外窗，可采用经过断热处理的、导热系数小的金属窗框、塑钢、铝塑、木塑等复合材料制成的窗框；玻璃可采用双层、三层中空玻璃、热反射玻璃或镀膜 Low-E 玻璃等；外窗的形式可将推拉窗改为平开窗等形式。②在原外窗上贴节能膜，利用玻璃与薄膜之间形成的空气层来提高窗户的热阻。有资料表明：厚度为 3mm 的玻璃贴膜以后，若空气层厚度为 30mm，热阻值可提高40 倍以上。采用窗上贴膜技术，可使采暖地区居住建筑室温明显提高，减少窗户结露现象，还能将窗户的传热耗能降低 45% 以上。③附加保温窗扇，形成双层窗。④通过加装密封条或使用金属框密封胶的方式对窗进行密封性改造。

3. 屋面改造

屋面的防水、保温隔热问题长期以来一直对房屋的使用功能有着重要的影响。目前，可采用的屋面节能技术主要有 4 种：①平改坡及加层，其优势是改造形式较为简单，具体做法是首先进行屋面和承重墙结构核算，在荷载允许的条件下，在屋面上对应下层承重墙位置砌墙，砌至设计高度设混凝土或钢檩条，最后铺设轻型保温隔热屋面板。②干铺保温隔热材料，除非防水层确实已老化，造成渗漏不得不翻修，屋面一般不宜大拆大改，而以修漏补裂为主，进行局部翻改。完成防水层改造后，再在改善后的防水层上做保温隔热处理。③倒置式屋面，即在原防水层上干铺防水性能好、强度高的保温隔热材料，一般采用挤塑聚苯板。④聚氨酯防水保温隔热屋面，在原有屋面上清除残破部分，局部修补，然后喷双组分聚氨酯。

（二）建筑室内采暖系统热计量及温度调控改造

既有居住建筑室内供热系统大部分采用单管顺流式系统，系统热水自上而下顺流，用户散热器的散热无法调节，少数系统虽然设置了跨越管，但大多处于闲置状态。为了实现"按用热量收费"和推动"行为节能"，必须对既有居住建筑室内供热系统实施改造。

由于我国传统的供热系统沿袭了苏联的供暖方式，即室内多采用单管顺流式系统，因此，在对既有居住建筑室内供热系统实施改造时，首先要对原住宅采暖系统实施分户控制改造，然后，再对室内供热系统实施改造：

1. 原有住宅采暖系统分户控制改造

这主要是为了避免小区某一户的供热管道阀门被关掉，整个楼道或者整栋建筑居民都无法采暖的情况的发生。实施原有住宅采暖系统分户控制改造后，既可以保障正常用户的供热，又可以有效解决以往拖欠热费的问题。供热系统分户控制使热用户有了自主性，"用不用热、用多少热"将由消费者独立决策，体现了热的商品属性。通过对用户用热实施有效的分户控制措施，逐步实现通过市场调节热商品市场的供求关系，达到资源优化配置的目的。

既有住宅楼供热系统分户控制改造的主要内容是：每栋楼新敷设进楼的主供回水管线，每层楼道新敷设单元供回水管线，拆除每户室内旧供热管线，每户室内重新敷设能实现分户控制的一户一环新双管系统室内供热管网，与楼道的单元供回水立管并联，在连接每个用户的供回水管线上加装锁闭阀，锁闭阀后安装热计量表位置。

对于面积较小的房屋易选用下分式单管串联系统，如图2-4所示。

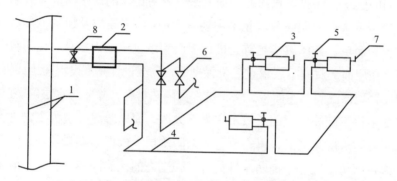

**图2-4 水平串联单管跨越式户内系统图**

1—公用立管；2—入户装置；3—散热器；4—户内供暖管；

5—三通调节阀；6—环路调节阀；7—放风阀；8—锁闭阀

面积较大的房屋易选用下分式双管并联系统，如图2-5所示。

2. 原有住宅采暖室内供热系统改造

按照室内供热系统结构形式的不同，室内供热系统改造的方案也各不相同。目前，我国住宅室内供热系统的形式大致可以分为：①垂直单管跨越式系统，具体又可细分为：单管顺流式系统和单管跨越式系统两种；②垂直双管式系统；③按户设置热表的室内供热系统；④章鱼式系统，即水平放射式系统；⑤地板辐射供暖系统。与之相对应的，室内供热系统改造方案大致可以分为四大类：一是每组散热器入口设恒温阀，采用热分配表计量热量；主要适用于垂直单管跨越式系统。二是每组散热器入口设恒温阀，采用热分配表计量热量；主要适用于垂直双管系统。三是每户入口设户型热表和远程恒温阀，只控制某代表房间室温，户内散热器水平串联或并联；主要适用于按户设置热表的室内供热系统。四是每户入口设户型热表，户内散热器水平并联，每组散热器上均设恒温阀；主要适用于按户设置热表的室内供热系统。

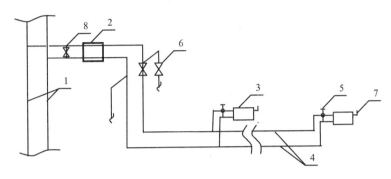

**图 2-5　下分双管式户内系统图**

1—公用立管；2—入户装置；3—散热器；4—户内供暖管；
5—调节阀；6—环路调节阀；7—放风阀；8—锁闭阀

3. 室内采暖系统热计量改造

适合热计量的室内供暖系统形式大体分为两种：一种是沿用传统的垂直上下贯通的所谓"单管式"或"双管式"系统；另一种是适应按户设置热量表形式的单户水平式系统。户内垂直双管系统改造、户内垂直单双管系统改造、户内水平双管系统改造、垂直单管顺流系统改造、户内水平顺流系统改造的具体措施及改造后系统的特点分别如图 2-6 ~ 图 2-10 所示。

（三）热源及管网热平衡改造

1. 热源系统改造

具体措施包括：①热源侧量化管理，安装计算机检测系统，实时监控热源系统的运行状况以及热负荷侧的响应情况。②提高锅炉的运行效率，主要技术手段包括：一是改进进煤方式，降低过剩空气系数，提高煤的燃烧效率；二是减少锅炉系统的跑、冒、滴、漏；三是安装多级的中间换热器，降低排烟温度；四是加装气候补偿器，根据室外空气温度调节进煤量；五是与锅炉房计算监控系统结合，提高自动化程度。③降低循环系统的能耗，主要技术手段包括：一是更换过大的循环水泵，避免大马拉小车的现象；二是采用变频技术，提高循环水泵在部分负荷下的运行效率。

| 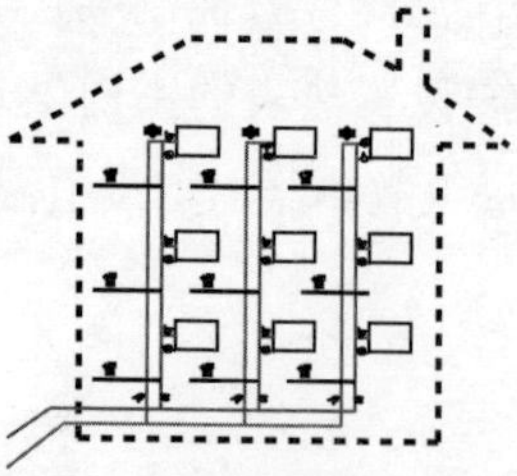 旧有系统改造 | | 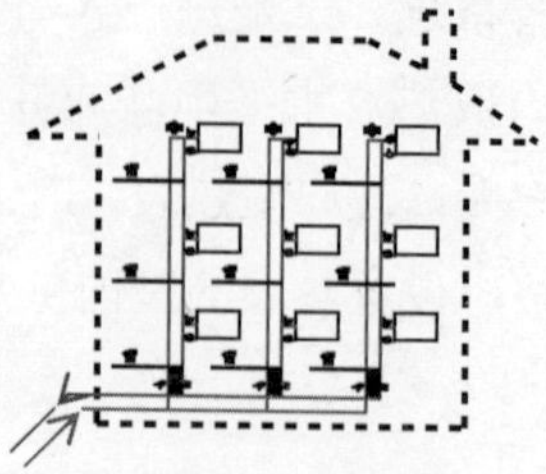 基本不改变原有管路，实施较简单，改造完善 |
|---|---|---|
| 新系统设置 | 节能装置 | 每组散热器设带阻力预调节功能的散热器恒温阀 |
| | 热计量装置 | 每组散热器设热分配表，热力入口设总表 |
| | 平衡装置 | 每根立管设一动态压差平衡阀，热力入口处不再设 |
| 系统特点 | | ①确保每组散热器获得所需的流量。②系统为变流量系统，水泵可变频控制，节能效果显著。③自动分室调温，舒适性好。④实现热量计量 |
| 适用场所 | | 垂直双管系统的改造 |

注：对于较小的系统，或者除热力出口外，楼内其他部分最不利环路阻力 ≤ 3m 时，可以仅在热力入口处设动态压差平衡阀。

图 2-6　户内垂直双管系统改造

| 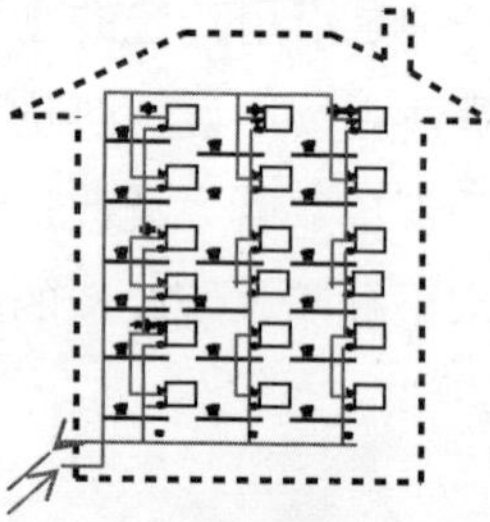 旧有系统改造 | | 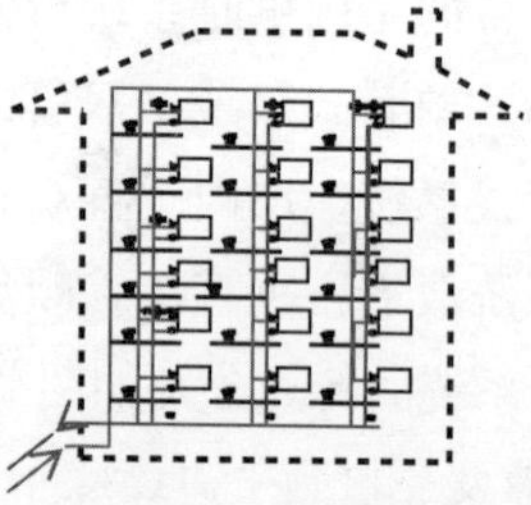 将单双管改造成双管，实施较简单，改造完善 |
|---|---|---|
| 新系统设置 | 节能装置 | 每组散热器设带阻力预调节功能的散热器恒温阀 |
| | 热计量装置 | 每组散热器设热分配表，热力入口设总表 |
| | 平衡装置 | 每根立管设一动态压差平衡阀，热力入口处不再设 |
| 系统特点 | | ①确保每组散热器获得所需的流量。②系统为变流量系统，水泵可变频控制，节能效果显著。③自动分室调温，舒适性好。④实现热量计量 |
| 适用场所 | | 垂直单双管系统的改造 |

注：对于较小的系统，或者除热力出口外，楼内其他部分最不利环路阻力 ≤ 3m 时，可以仅在热力入口处设动态压差平衡阀。

图 2-7　户内垂直单双管系统改造

| 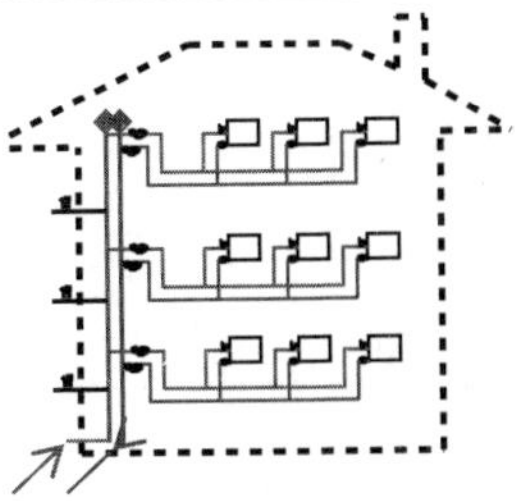 旧有系统改造 | | 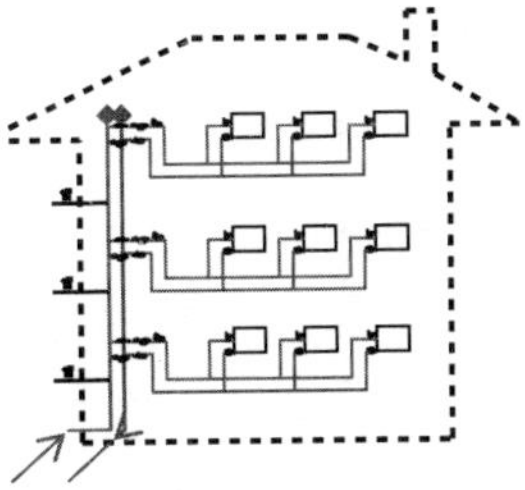 基本不改变旧有管线，实施较简单，改造完善 |
|---|---|---|
| 新系统设置 | 节能装置 | 每组散热器设带阻力预调节功能的散热器恒温阀 |
| | 热计量装置 | 每组散热器设热分配表，热力入口设总表 |
| | 平衡装置 | 每根立管设一动态压差平衡阀，热力入口处不再设 |
| 系统特点 | | ①确保每组散热器获得所需的流量。②系统为变流量系统，水泵可变频控制，节能效果显著。③自动分室调温，舒适性好。④实现热量计量 |
| 适用场所 | | 户内水平双管（章鱼式）系统改造 |

**图 2-8　户内水平双管（章鱼式）系统改造**

| 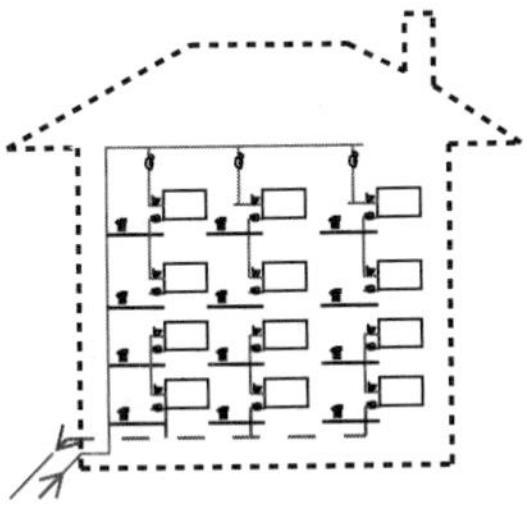 旧有系统改造 | | 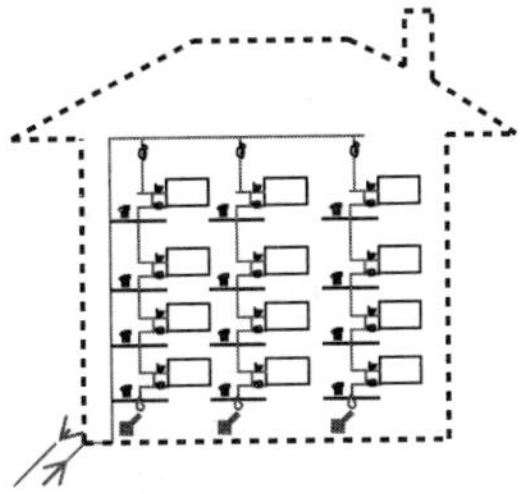 对顺流式系统增加跨越管，实施较简单，改造完善 |
|---|---|---|
| 新系统设置 | 节能装置 | 对跨越式系统，每组散热器设带低阻高流通能力的散热器恒温阀；对顺流式系统，除低阻恒温阀外，还应增加跨越式管 |
| | 热计量装置 | 每组散热器设热分配表，热力入口设总表 |
| | 平衡装置 | 每根立管设一动态压差平衡阀，热力入口处不再设 |
| 系统特点 | | ①确保每组散热器获得所需的流量。②系统为变流量系统，水泵可变频控制，节能效果显著。③自动分室调温，舒适性好。④实现热量计量 |
| 适用场所 | | 垂直单管顺流（跨越式）系统的改造 |

注：如果资金紧张，每根立管可设一静态平衡阀，楼入口处采用静态平衡阀或动态平衡阀（动态压差平衡阀或动态流量平衡阀）。

**图 2-9　垂直单管顺流（跨越式）系统改造**

| 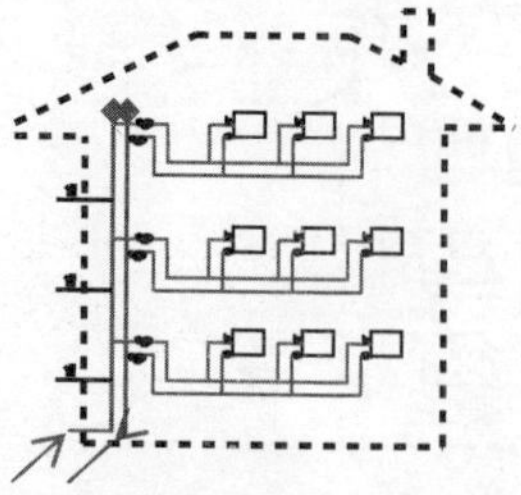 旧有系统改造 | | 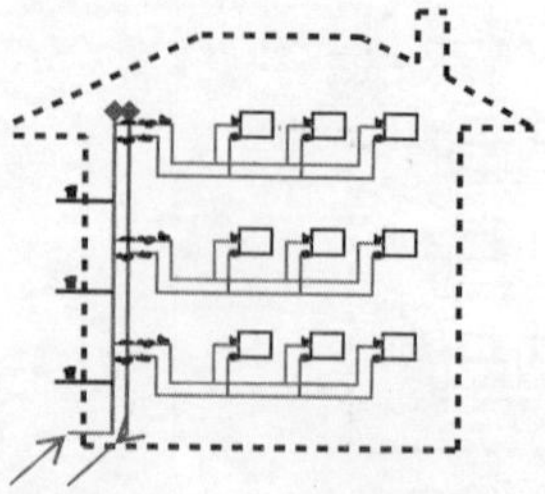 对顺流式系统增加跨越管，实施较简单，改造完善 |
|---|---|---|
| 新系统设置 | 节能装置 | 对跨越式系统，每组散热器设带低阻高流通能力的散热器恒温阀 |
| | 热计量装置 | 每组散热器设热分配表，热力入口设总表 |
| | 平衡装置 | 每根立管设一动态压差平衡阀，热力入口处不再设 |
| 系统特点 | | ①确保每组散热器获得所需的流量。②系统为变流量系统，水泵可变频控制，节能效果显著。③自动分室调温，舒适性好。④实现热量计量 |
| 适用场所 | | 户内水平顺流（跨越式）系统的改造 |

注：如果资金紧张，每根立管可设一静态平衡阀，楼入口处采用静态平衡阀或动态平衡阀（动态压差平衡阀或动态流量平衡阀）。

**图 2-10　户内水平顺流（跨越式）系统改造**

## 2. 管网热平衡改造

采暖系统运行管理中，经常遇到因室外管网不匹配、不合理而引起的采暖效果差的现象；远处用户资用压力低导致实际流量远远小于设计流量，用户采暖系统无论采用什么形式，都难以满足采暖需求；近处用户资用压力高而不采取任何减压平衡措施，导致实际流量远远大于设计流量，使室内温度过高造成能量的浪费。一般来讲，室外管网系统主要存在五个方面的问题：①供暖管道系统年久失修，管道保温已经形同虚设，有些已经失效，部分管道保温脱落使管道裸露，致使热量沿途损失过大。②热力站循环水泵与供暖面积、供热指标、锅炉设备容量及锅炉运行时间等不匹配，"大马拉小车"和"小马拉大车"现象严重。③供热管网水箱没有采取定压措施，容易产生气阻，而且空气中的氧气容易导致阀门腐蚀生锈。④管网水力不平衡现象严重。⑤采暖水质不达标，造成设备和管道腐蚀结垢现象严重。

为了实现节能目标，必须高度重视室外供热管网的匹配，使实际流量接近于设计流量，管网系统完善、可靠，有条件时可以采用智能化控制，并在管网平衡基础上加强水质管理，尽量减少损失水量，有条件的单位补水尽量采用软化水，加强施工管理，才能保证水质优良，节省能耗，使采暖系统成为一个完善系统。具体措施包括：①对供热管道进行全面检修，尤其是要确保供热管道的保温结构正常工作，对于直埋或地沟内管道的保温结构加设防潮层。经过研究发现，当保温层厚道达到"经济厚度"[①]时，管网的保温效率可以达到97.5%。②选择适合的循环水泵，通过对已建热力管网系统及实际的循环阻力和热负荷计算供热系统的流量，如式（2-3）所示；此外，循环水泵流量的确定，应结合泵站的规划发展面积，考虑适当的余量，一般为供热系统流量的5%左右。循环水泵扬程 $H$ 主要与热源内部压力损失、最远用户内部系统压力损失、网络供回水干管压力损失及系统富余压力等确定，如式（2-4）所示。

$$G=3.6\frac{Q}{C(t_g-t_h)} \tag{2-3}$$

式中　　$G$——供热系统的流量；

　　　　$Q$——供热热负荷；

　　　$t_g$、$t_h$——系统供回水温度。

$$H=H_1+H_2+H_3+\Delta H_4 \tag{2-4}$$

式中　　$H_1$——热源内部压力损失；

　　　　$H_2$——最远用户内部系统压力损失；

　　　　$H_3$——网络供回水干管压力损失；

　　　　$\Delta H_4$——系统富余压力。

此外，为了全面解决热网循环不合理的问题，还可以考虑更换循环水泵，其应该遵循的原则包括：①要使循环水泵的工作尽可能接近最佳的理论工作点，使其能长期在高效区运行；②选择 $G$-$H$ 特性线趋于平坦的水泵即流量变化大而扬程变化小的水泵；③尽量选择同轴（管道泵）水泵，以减少机械损失；④力求选择结构简单、体积小、重量轻、安装相对容易的水泵；⑤力求选择运行时安全可靠、平稳、振动小、噪声低而效率高的水泵。具体措施包括：①热网循环水泵实施变速调节，可根据机组不同负荷，调节泵的运行转速，以适应机组对循环水压力和流量的需求，克服了循环水泵采用阀门节流调节水量造成的极大浪费，可以方便地调整机组的供热量，实现节能、稳定水循环、恒定压力的目标。目前，交流变频调速技术具有高效率、宽范围和高精度的优异调速性能，使其在建筑节能改造中得到广泛应用。②避免系统中水与空气的直接接触，在循环

---

① 经济厚度，是指在考虑年折旧率的情况下，隔热保温设施的费用和散热量价值之和为最小时的厚度。

泵吸水管处加装气压罐定压。③解决水力失调的途径应该首先考虑通过用户引入口处的阀门来调节，使系统流量得以分配，或者增加监控仪表和平衡阀进行调节。

### 三、供热体制改革制度体系

体制，是指国家机关、企事业单位的机构设置、隶属关系和权力划分等各方面的具体体系和组织制度的总称。供热体制则是指具体的组织、管理和调节城镇供热采暖运行的各种制度的总称。供热体制改革，则是要建立符合我国国情、适应社会主义市场经济体制要求的城镇供热新体制，加大节约能源和保护环境的力度，促进城市建设的可持续发展，更好地满足城镇居民提高生活舒适性的要求。

2003年7月，国家发展改革委、住房城乡建设部等八部委联合下发《关于城镇供热体制改革试点工作的指导意见》，明确提出了改革的具体目标是：①改革单位统包的用热制度，停止福利供热，实行用热的商品化；②实现用热计量单位的转换，使之更科学、客观地反映热供求的数量关系；③加快供热企业改革，引入竞争机制，培育和规范城镇供热市场；④促进以集中供热为主导、多种方式相结合的经济、安全、清洁、高效的城镇供热采暖体系的发展和完善；⑤促进建筑节能技术的推广应用和供热采暖设施技术改造，提高能源的利用效率，改善城镇大气环境质量。

根据国家供热体制改革的具体目标，供热体制改革制度体系主要应该包含五个方面的内容，即：用热商品化和社会化制度、城市低收入人群的供热保障制度、供热价格联动制度、城镇供热特许经营制度、供热体制改革与既有建筑节能改造的协同制度。

（一）用热商品化和社会化制度

停止福利供热，按照"谁用热、谁交费"的原则，使供热商品化、社会化。在完成既有居住建筑室内采暖系统热计量改造的基础上，按照市场经济原则，推行"用多少热、缴多少费"的热计量新方式，逐步取消按面积计收热费，改按用热量分户计量收费。

（二）城市低收入人群的供热保障制度

冬季采暖是北方采暖地区居民冬季生活的必然组成部分，城市低收入群体的供热保障直接关系到困难群众的基本权益和和谐社会的建设，是惠及民生的大事，同时也是供热体制改革的难点之一。要建立合理的城市低收入人群供热保障制度，必须明确补贴对象、补贴供给方法、补贴发放方式。以河北省承德市为例，其补贴对象主要针对持有"城市居民最低生活保障金领取证"的市区常住居民；补贴给付方法则由供热部门对供热费用进行一定程度的核减；补贴发放方式由市财政部将低保金与供热采暖补贴一起按月直接发放到个人手中。

（三）供热价格联动制度

以煤电价格联动机制为参考，研究建立"煤热价格联动机制"，即：当煤炭价格的变化超过一定比例后，相应地调整热价。此外，还需要通过定量分析确定煤热价格联动变化周期，即：当煤炭价格在煤热价格联动变化周期内的变化超过一定后，相应地调整热价。

（四）城镇供热特许经营制度

在北方采暖地区供热市场领域，供热行业具有自然垄断性，所以，需要政府部门本着对公众负责、对社会负责的态度，加强对集中供热领域的监督管理。其主要职责是：加大宣传力度，提高人们对供热行业实施特许经营制度重要性的认识；加强对城镇供热行业特许经营单位的监管力度，建立城镇供热的应急机制与预警机制；加快出台城镇供热经营制度的法规及其实施细则，明确各方的责任、义务与权力。同时，要促进供热企业建立现代化企业制度的步伐，使其成为自主经营、自负盈亏的市场主体。

（五）供热体制改革与既有建筑节能改造的协同制度

供热体制改革与既有居住建筑节能改造关系密切，如果能够处理好彼此的关系，二者能够互相促进，达到事半功倍的效果；反之，则互相牵制，导致事倍功半的后果。这就要求在实施既有居住建筑节能改造的同时，增强供热价格变动的灵活性，大力发展热电联产和区域集中供热，积极鼓励供热企业的技术创新、管理创新和制度创新，实现供热体制改革和既有居住建筑节能改造的协调发展。相应地，供热体制改革进展的顺利，能够使得相关主体认清既有居住建筑节能改造潜在的巨大经济效益，从而积极地参与到既有居住建筑节能改造的过程中来。

# 第三章 既有居住建筑节能改造的市场均衡分析

## 第一节 既有居住建筑节能改造的微观经济学属性分析

### 一、既有居住建筑节能改造的微观研究对象

既有居住建筑节能改造是一项系统工程，包括：集中供热采暖能耗调查、节能改造计划制定、节能改造资金筹集、节能改造实施等一系列环节。因此，涉及的相关主体很多，大致分为主要主体和次要主体两类，主要主体包括：中央政府、地方政府、供热企业、节能服务公司、业主等；次要主体包括：规划设计单位、材料设备供应商、施工单位、监理单位、物业管理单位等。他们在既有居住建筑节能改造系统中的相互关系如图3-1所示。

相关主体的节能意识由强到弱的排列顺序为：政府人员→建筑专业人员→物业管理人员→节能服务公司→供热企业→产权单位→业主。广大社会公众缺乏清晰的节能意识，"资源和能源取之不尽、用之不竭"的传统观念仍存留于多数人思想中，尚未真正意识到能源危机和全球气候变暖可能带来的灾难性后果。

微观经济学的研究对象是个体经济单位。个体经济单位指单个消费者、单个生产者和单个市场等。具体到既有居住建筑节能改造领域，既有居住建筑节能改造的微观研究对象就是：单个热用户、单个供热企业和单个供热市场（单个节能改造市场）。既有居住建筑节能改造的微观研究，是由浅入深、逐步深入的：首先，分析单个热用户和单个供热企业的经济行为。分析单个热用户如何进行最优的消费决策以获得最大的效用，单个供热企业如何进行最优的生产决策以获得最大的利润。其次，分析单个供热市场均衡价格的决定。单个供热市场均衡热价的决定，是作为单个供热市场中所有的热用户和所有的供热企业最优经济行为的共同作用的结果而出现的。最后，是分析所有单个供热市场均衡价格的同时决定。这种决定是作为所有单个供热市场的相互作用的结果而出现的。

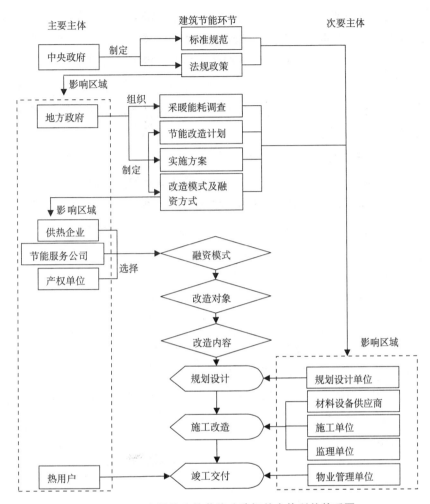

**图 3-1 既有居住建筑节能改造相关主体利益关系图**

## 二、既有居住建筑节能改造微观研究基本假设及框架

### (一) 既有居住建筑节能改造微观研究基本假设

既有居住建筑节能改造微观研究的基本假设条件包括三个方面：①理性经济人假设，即：热用户和供热企业都属于"经济人"。"经济人"被视为经济生活中一般的人的抽象，其本性是利己的。"经济人"在一切经济活动中的行为都是合乎所谓的理性的，即：热用户的目标是个人效用最大化，供热企业的目标是经济效益最大化。无论是热用户，还是供热企业，都力图以最小的经济代价去追逐和获得自身的最大的经济利益。②完全信息的假设条件。其主要含义是

指既有居住建筑节能改造市场上每一个从事经济活动的个体（即热商品需求者和热商品供给者）都对有关的经济情况（或经济变量）具有完全的信息。③完全竞争市场的假设条件，即假设既有居住建筑节能改造市场具备四个基本条件：一是市场上有大量的热商品需求者和热商品供给者；二是市场上每一个供热企业提供的商品都是同质的；三是所有的资源具有完全的流动性，如生产要素 $K$、$L$ 等；四是信息是完全的。

（二）既有居住建筑节能改造微观研究框架

既有居住建筑节能改造微观研究理论体系的框架如图 3-2 所示。在图 3-2 中，每一个热用户和供热企业都具有双重的身份：单个热用户和单个供热企业分别以热商品的需求者和热商品的供给者的身份出现在产品市场上，又分别以生产要素的供给者和生产要素的需求者的身份出现在生产要素市场上。热用户和供热企业的经济活动通过产品市场和生产要素市场的供求关系的相互作用而联系起来。热用户和供热企业的一切需求关系都用实线表示，一切供给关系都用虚线表示。

从图 3-2 中的热用户方面看，出于对自身经济利益的追求，热用户的经济行为表现为在生产要素市场提供劳动、资本等生产要素，以取得收入，然后，在产品市场购买所需要的热商品。从图 3-2 中的供热企业的方面看，出于对自身经济利益的追求，供热企业的经济行为表现为在生产要素市场上购买所需的要素，然后，进入生产过程进行生产，进而通过热商品的出售获得最大利润。那么，在完全竞争条件下，在单个热用户和单个供热企业各自追求自身经济利益最大化的过程中，热用户和供热企业是否实现个人效用的最大化和利润最大化呢？这就需要在分析热用户和供热企业经济行为的基础上，建立一个能够反映集中供热基本运行规律的经济模型，然后，运用 Walras 一般均衡理论推导完全竞争条件下所有单个供热市场同时均衡的状态是否存在，并利用福利经济学中的相关理论，判断一般均衡状态是否符合"帕累托最优状态"，即整个既有建筑节能改造市场是否实现了有效率的资源配置。

三、Léon Walras 均衡基本原理

一般均衡理论，就是将所有相互联系的各个市场看成一个整体加以研究。每种商品的供给和需求取决于包括自身在内的所有商品价格，即每种商品的供给和需求都是价格体系的函数。法国经济学家 Léon Walras 试图证明存在一组

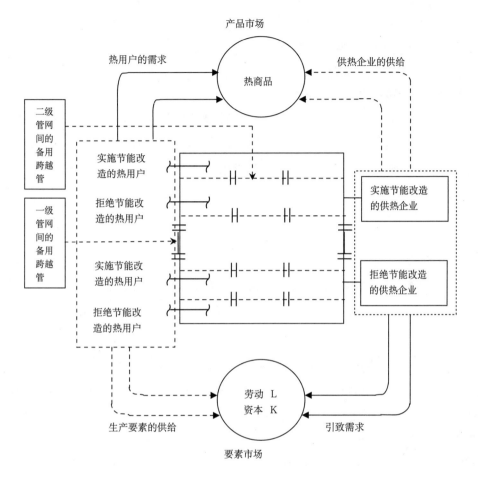

**图 3-2　既有居住建筑节能改造市场的循环流动**

均衡价格，使得所有商品的供求均相等，并建立了一般均衡的数学模型。

（一）基本假设

（1）$r$ 种产品和 $n \sim r$ 种生产要素：产品数量用 $Q_1$，$\cdots$，$Q_r$ 表示，产品价格用 $P_1$，$\cdots$，$P_r$ 表示；要素数量用 $Q_{r+1}$，$\cdots$，$Q_n$ 表示，产品价格用 $P_{r+1}$，$\cdots$，$P_n$ 表示。

（2）所有产品市场和要素市场均为完全竞争市场[①]。

（3）$M$ 个家庭：每个家庭既是产品的需求者，又是要素的供给者。$Q_{im}$（$i=1$，$\cdots$，$r$）表示家庭 $m$ 对第 $i$ 种产品 $Q_i$ 的需求，$Q_{jm}$（$j=r+1$，$\cdots$，$n$）表示

---

① 完全竞争市场必须具备四个条件：a 市场上有大量的买者和卖者，且皆为价格接受者；b 市场上每一个厂商提供的商品都是同质的；c 所有的资源具有完全的流动性；d 信息是完全的。

家庭 $m$ 对第 $j$ 种要素 $Q_j$ 的供给；家庭 $m$ 的效用取决于其消费商品的数量以及提供的要素数量，家庭 $m$ 的效用函数为 $U_m=U_m$ ($Q_{1m}$, …, $Q_{rm}$; $Q_{(r+1)\ m}$, …, $Q_{nm}$)。每个家庭的全部收入均来自要素供给，且将全部收入用于消费；每个家庭的目标为效用最大化，且效用函数不发生变化。

(4) $N$ 个厂商：每个厂商既是要素的需求者，又是产品的供给者。$Q_{in}$ ($i=1$, …, $r$) 表示厂商 $n$ 对第 $i$ 种产品 $Q_i$ 的供给，$Q_{jn}$ ($k=r+1$, …, $n$) 表示厂商 $n$ 对第 $j$ 种要素 $Q_j$ 的需求；每个厂商的目标为利润最大化，且生产函数不发生变化。

(二) 模型构建与求解

1. 家庭的行为：产品需求和要素供给

由于产品和要素市场均为完全竞争市场，所以产品和要素价格对单个家庭来说是既定不变的常量，且不存在储蓄和负储蓄，所以，家庭 $m$ 的全部收入为：($P_{(r+1)} Q_{(r+1)\ m}+\cdots+ P_nQ_{nm}$)，全部支出为：($P_1Q_{1m}+\cdots+ P_rQ_{rm}$)；家庭 $m$ 的预算约束即"预算线"如式 (3-1) 所示：

$$P_1Q_{1m}+\cdots+ P_rQ_{rm}= P_{(r+1)} Q_{(r+1)\ m}+\cdots+ P_nQ_{nm} \tag{3-1}$$

家庭 $m$ 在预算约束 (3-1) 的条件下，选择最优的产品消费数量 ($Q_{1m}$, …, $Q_{rm}$) 和最优的要素销售量 ($Q_{(r+1)\ m}$, …, $Q_{nm}$) 以使其效用函数 $U_m$ 达到最大。根据约束条件下的极值原理，家庭 $m$ 对每种产品的需求量取决于所有的产品价格和要素价格，如式 (3-2) 所示：

$$Q_{1m}=Q_{1m} (P_1, \cdots, P_r; P_{r+1}, \cdots, P_n)$$
$$\vdots \tag{3-2}$$
$$Q_{rm}=Q_{rm} (P_1, \cdots, P_r; P_{r+1}, \cdots, P_n)$$

家庭 $m$ 对每种要素的供给量取决于所有的产品价格和要素价格，如式 (3-3) 所示：

$$Q_{(r+1)m}=Q_{(r+1)m} (P_1, \cdots, P_r; P_{r+1}, \cdots, P_n)$$
$$\vdots \tag{3-3}$$
$$Q_{nm}=Q_{nm} (P_1, \cdots, P_r; P_{r+1}, \cdots, P_n)$$

上述对单个家庭 $m$ 的描述也适用于所有其他家庭，将所有 $M$ 个家庭对每种产品的需求加总，就得到每种产品的市场需求；与单个家庭的需求情况一样，所有 $M$ 个家庭对每种产品的需求量取决于所有产品价格和要素价格，如式（3-4）所示：

$$Q_1^d = Q_1^d (P_1, \cdots, P_r; P_{r+1}, \cdots, P_n)$$
$$\vdots \tag{3-4}$$
$$Q_r^d = Q_r^d (P_1, \cdots, P_r; P_{r+1}, \cdots, P_n)$$

在式（3-4）中：$Q_i^d = \sum_{m=1}^{M} Q_{im}$（$i=1, \cdots, r$）为第 $i$ 种产品的市场需求。

将所有 $M$ 个家庭对每种生产要素的供给加总，就得到每种生产要素的市场供给；与单个家庭的供给情况一样，所有 $M$ 个家庭对每种生产要素的供给量取决于所有产品价格和要素价格，如式（3-5）所示：

$$Q_{r+1}^s = Q_{r+1}^s (P_1, \cdots, P_r; P_{r+1}, \cdots, P_n)$$
$$\vdots \tag{3-5}$$
$$Q_n^s = Q_n^s (P_1, \cdots, P_r; P_{r+1}, \cdots, P_n)$$

在式（3-5）中，$Q_j^s = \sum_{m=1}^{M} Q_{jm}$（$j=r+1, \cdots, n$）为第 $j$ 种要素的市场供给。

2. 厂商的行为：产品供给和要素需求

厂商 $n$ 出售产品的收入为 $P_1 Q_{1n} + \cdots + P_r Q_{rn}$，购买要素的支出为 $P_{(r+1)} Q_{(r+1)n} + \cdots + P_n Q_{nn}$，厂商的利润函数如式（3-6）所示：

$$(P_1 Q_{1n} + \cdots + P_r Q_{rn}) - (P_{(r+1)} Q_{(r+1)n} + \cdots + P_n Q_{nn}) \tag{3-6}$$

厂商 $n$ 的目的是选择最优的产品供给量（$Q_{1n}, \cdots, Q_{rn}$）和要素需求量（$Q_{(r+1)n}, \cdots, Q_{nn}$），以使其利润达到最大化。要想利润增加，需要不断增大产出、减少投入，产出和投入的关系可以用生产函数式（3-7）表示：

$$Q_{1n} = Q_{1n}(Q_{(r+1)n}, \cdots, Q_{nn})$$
$$\vdots \tag{3-7}$$
$$Q_{rn} = Q_{rn}(Q_{(r+1)n}, \cdots, Q_{nn})$$

厂商 $n$ 实际上是在生产函数的约束条件下，实现利润最大化的。根据约束条件下的极值原理，厂商 $n$ 对每种产品的供给量取决于所有的产品价格和要素价格，如式（3-8）所示：

$$Q_{1n} = Q_{1n}(P_1, \cdots, P_r; P_{r+1}, \cdots, P_n)$$
$$\vdots \tag{3-8}$$
$$Q_{rn} = Q_{rn}(P_1, \cdots, P_r; P_{r+1}, \cdots, P_n)$$

厂商 $n$ 对每种要素的需求量取决于所有的产品价格和要素价格，如式（3-9）所示：

$$Q_{(r+1)n} = Q_{(r+1)n}(P_1, \cdots, P_r; P_{r+1}, \cdots, P_n)$$
$$\vdots \qquad (3\text{-}9)$$
$$Q_{nn} = Q_{nn}(P_1, \cdots, P_r; P_{r+1}, \cdots, P_n)$$

将所有 $N$ 个厂商对每一种产品的供给加总，就得到每种产品的市场供给；与单个厂商的供给情况一样，所有 $N$ 个厂商对每种产品的供给量取决于所有产品价格和要素价格，如式（3-10）所示：

$$Q_1^s = Q_1^s(P_1, \cdots, P_r; P_{r+1}, \cdots, P_n)$$
$$\vdots \qquad (3\text{-}10)$$
$$Q_r^s = Q_r^s(P_1, \cdots, P_r; P_{r+1}, \cdots, P_n)$$

在式（3-10）中：$Q_i^s = \sum_{n=1}^{N} Q_{in}$（$i=1, \cdots, r$）为第 $i$ 种产品的市场供给。

将所有 $H$ 个家庭对每种生产要素的供给加总，就得到每种生产要素的市场供给；与单个家庭的供给情况一样，所有 $H$ 个家庭对每种生产要素的供给量取决于所有产品价格和要素价格，如式（3-11）所示：

$$Q_{r+1}^d = Q_{r+1}^d(P_1, \cdots, P_r; P_{r+1}, \cdots, P_n)$$
$$\vdots \qquad (3\text{-}11)$$
$$Q_n^d = Q_n^d(P_1, \cdots, P_r; P_{r+1}, \cdots, P_n)$$

在式（3-11）中，$Q_j^d = \sum_{n=1}^{N} Q_{jn}$（$j=r+1, \cdots, n$）为第 $j$ 种要素的市场需求。

3. 产品市场和要素市场的一般均衡

① 市场的需求方面。$r$ 个产品市场的需求函数如式（3-4）所示：

$$Q_1^d = Q_1^d(P_1, \cdots, P_r; P_{r+1}, \cdots, P_n)$$
$$\vdots \qquad (3\text{-}4)$$
$$Q_r^d = Q_r^d(P_1, \cdots, P_r; P_{r+1}, \cdots, P_n)$$

$(n-r)$ 个要素市场的需求函数如式（3-11）所示：

$$Q_{r+1}^d = Q_{r+1}^d(P_1, \cdots, P_r; P_{r+1}, \cdots, P_n)$$
$$\vdots \qquad (3\text{-}11)$$
$$Q_n^d = Q_n^d(P_1, \cdots, P_r; P_{r+1}, \cdots, P_n)$$

如果将产品和要素不加区别地视为商品，则整个经济就有 $n$ 种商品（$r$ 种产品, $n-r$ 种要素), $n$ 个商品价格。于是这 $n$ 种商品的需求函数就可以简洁地表示成 $n$ 个商品价格的函数, 如式 (3-12) 所示:

$$Q_i^d = Q_i^d(P_1, \cdots, P_n), \text{ 其中}: i=1, \cdots, n \tag{3-12}$$

②市场的供给方面。$r$ 个产品市场的供给函数如式 (3-10) 所示:

$$\begin{aligned} Q_1^s &= Q_1^s(P_1, \cdots, P_r; P_{r+1}, \cdots, P_n) \\ &\quad\vdots \\ Q_r^s &= Q_r^s(P_1, \cdots, P_r; P_{r+1}, \cdots, P_n) \end{aligned} \tag{3-10}$$

$(n-r)$ 个要素市场的供给函数如式 (3-5) 所示:

$$\begin{aligned} Q_{r+1}^s &= Q_{r+1}^s(P_1, \cdots, P_r; P_{r+1}, \cdots, P_n) \\ &\quad\vdots \\ Q_n^s &= Q_n^s(P_1, \cdots, P_r; P_{r+1}, \cdots, P_n) \end{aligned} \tag{3-5}$$

将产品和要素都视为商品后, 整个经济的 $n$ 种商品的供给函数就可以简洁地表示成 $n$ 个商品价格的函数, 如式 (3-12) 所示:

$$Q_i^s = Q_i^s(P_1, \cdots, P_n), \text{ 其中}: i=1, \cdots, n \tag{3-11}$$

③经济体系的一般均衡条件。要使整个经济体系处于一般均衡状态, 就必须使所有的 $n$ 个商品市场都同时达到均衡, 如式 (3-13) 所示:

$$\begin{aligned} Q_1^d(P_1, \cdots, P_n) &= Q_1^s(P_1, \cdots, P_n) \\ &\quad\vdots \\ Q_n^d(P_1, \cdots, P_n) &= Q_n^s(P_1, \cdots, P_n) \end{aligned} \tag{3-13}$$

4. 一般均衡的存在性

在式 (3-12) 中, 一共有 $n$ 个方程、$n$ 个变量, 即 $n$ 个价格 $P_1, \cdots, P_n$ 需要确定。Léon Walras 认为: $n$ 个价格中, 有一个可以作为"一般等价物" (numeraire) 来衡量其他商品的价格, 其他商品的价格就是他们各自同第一种商品交换的比率。此时, 均衡条件中的变量就减少了一个, 即只需确定剩余的 $n-1$ 个商品的价格。

此外, 如果用 $P_1, \cdots, P_n$ 顺次去乘一般均衡条件中的 $n$ 个等式的两边, 则有: $P_i \cdot Q_i^d = P_i \cdot Q_i^s$ $(i=1, \cdots, n)$, 将 $n$ 个等式加总, 可得到恒等式 (3-14):

$$\sum_{i=1}^n P_i \cdot Q_i^d = \sum_{i=1}^n P_i \cdot Q_i^s \tag{3-14}$$

之所以是恒等式, 是因为式 (3-14) 的左右两边都代表同一个社会成交量。该恒等式被称为瓦尔拉斯定律。由瓦尔拉斯均衡定律可知,一般均衡条件 (3-13)

中的 $n$ 个联立方程并非都是相互独立的，其中有一个可以从其余 $n-1$ 个中推出。瓦尔拉斯认为，在一般均衡条件中，$n-1$ 个独立方程可以唯一地确定 $n-1$ 个未知数，即 $n-1$ 个价格，从而得到结论：存在一组价格，使得所有市场的供给和需求都恰好相等，即存在着整个经济体系的一般均衡。

### （三）一般均衡理论的总结

在 Léon Walras 对一般均衡的存在性、唯一性、稳定性及最优性作出探讨之后，帕累托、希克斯、诺依曼、萨缪尔森、阿罗德布鲁及麦肯齐等经济学家对其进行了改进和发展，形成的基本思想为：假设整个市场中存在 $n$ 种商品，消费者按照效用最大化原则确定产品需求，生产厂商按照利润最大化原则确定产品供给，产品需求与产品供给之间的差额，即为"超额需求"，且超额需求是价格体系即价格向量的函数。通过变换将产品原价格向量集合 $P$ 标准化，得到价格向量集合 $P'$，那么，通过分别构造超额需求向量集合 $Z$ 和标准化价格向量集合 $P'$ 之间的映射：$f: P' \to Z$ 和 $g: Z \to P'$，并将二者复合起来，则得到一个从标准化价格向量集合 $P'$ 到其自身的映射，即 $g \cdot f: P' \to P'$。在假设 $g \cdot f$ 为连续映射（以及集合 $P'$ 为有界、闭、凸集合）的条件下，集合 $P'$ 存在一个不动点 $p^* = (P^*, \cdots, P_n^*)$ 在映射 $g \cdot f$ 下保持不变。而这个不动点 $p^*$ 就是一般均衡价格向量，此时，所有商品的需求恰好等于供给，超额需求不存在。

一般均衡理论更为通俗的描述为：当整个经济体系处于均衡状态时，所有产品和生产要素的价格将有一个确定的均衡值，所有产品和生产要素的产出和供给，将有一个确定的均衡量，而且，此种均衡是稳定的均衡，即一旦经济制度处于非均衡状态时，市场的力量会自动地使经济制度调整到新的均衡状态。

### 四、帕累托最优状态条件

#### （一）交换的帕累托最优条件

假定两种商品 $X$ 和 $Y$，其既定数量为 $X_0$ 和 $Y_0$。两个消费者分别为 A 和 B。图 3-3 表示埃奇沃斯盒状图，是一种用来分析两种产品在两个消费者之间分配的工具。盒子的水平长度表示产品 $X$ 的数量 $X_0$，盒子的垂直高度表示产品 $Y$ 的数量 $Y_0$。$O_A$ 为消费者 A 的原点，$O_B$ 为消费者 B 的原点。从 $O_A$ 水平向右测量消费者 A 对商品 $X$ 的消费量 $X_A$，从 $O_A$ 垂直向上测量消费者 A 对商品 $Y$ 的消费量 $Y_A$；从 $O_B$ 水平向左测量消费者 B 对商品 $X$ 的消费量 $X_B$，从 $O_B$ 垂直向下测量消费者 B 对商品 $Y$ 的消费量 $Y_B$。

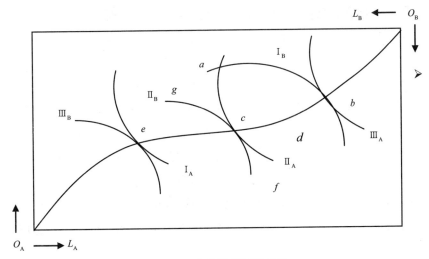

图 3-3　交换的帕累托最优

对于盒中任意一点，比如 $a$，$a$ 对应消费者 A 的消费量 $(X_A, Y_A)$ 和消费者 B 的消费量 $(X_B, Y_B)$，满足条件式（3-15）：

$$X_A + X_B = X_0$$
$$Y_A + Y_B = Y_0$$

（3-15）

盒子（包括边界）确定了两种物品在两个消费者之间的所有可能的分配情况。由于 $O_A$ 是消费者 A 的原点，故 A 的无差异曲线向右下方倾斜且向 $O_A$ 点突出。图中 $I_A$、$II_A$、$III_A$ 是消费者 A 的三条代表性无差异曲线，其中：$III_A$ 代表较高的效用水平，而 $I_A$ 代表较低的效用水平。同理，由于 $O_B$ 是消费者 B 的原点，故 B 的无差异曲线向右下方倾斜且向 $O_B$ 点突出。图中 $I_B$、$II_B$、$III_B$ 是消费者 B 的三条代表性无差异曲线，其中：$III_B$ 代表较高的效用水平，而 $I_B$ 代表较低的效用水平。

由于假定效用函数是连续的，所以点 $a$ 必然处于消费者 A 的某条无差异曲线上，同时也必然处于消费者 B 的某条无差异曲线上，这两条无差异曲线，或者在 $a$ 点相交，或者在 $a$ 点相切。假设两条无差异曲线在 $a$ 点相交，则 $a$ 点不可能是帕累托最优状态。因为，如果改变初始分配状态，从 $a$ 点变动到 $b$ 点，消费者 A 的效用水平从 $II_A$ 提高到 $III_A$，而消费者 B 的效用水平并未变化，仍停留在无差异曲线 $I_B$ 上。因此，在 $a$ 点存在帕累托改进的余地。或者，将 $a$ 点变动到 $c$ 点，消费者 B 的效用水平从 $I_B$ 提高到 $II_B$，而消费者 B 的效用水平并未变化，仍停留在无差异曲线 $II_A$ 上。而如果让 $a$ 点变动到 $d$ 点，则消费者 A 和

B 的效用水平均会提高。由此得出结论：在交换的埃奇沃斯盒状图中，任意一点，如果它处于消费者 A 和 B 的两条无差异曲线的交点上，则它就不是帕累托最优状态。

如果假定初始的产品分配状态处于两条无差异曲线的切点，如 c 点，则不存在帕累托改进的余地，其变动可能包括：向右上方移动到消费者 A 较高的无差异曲线上，A 的效用水平提高了，但消费者 B 的效用水平却下降了；向左下方移动到消费者 B 较高的无差异曲线上，B 的效用水平提高了，但消费者 A 的效用水平却下降了；或者就是消费者 A 和消费者 B 的效用水平都降低。由此可得出结论：在交换的埃奇沃斯盒状图中，任意一点，如果它处于消费者 A 和 B 的两条无差异曲线的切点上，则它就是帕累托最优状态，并称之为交换的帕累托最优状态。

交换的帕累托最优状态是无差异曲线的切点，而无差异曲线切点的条件是该点上两条无差异曲线的斜率相等，所以，对于消费者 A 和 B 来说，两种商品 X 代替 Y 的边际替代率分别用 $MRS_{XY}^{A}$ 和 $MRS_{YX}^{B}$ 来表示，则交换的帕累托最优状态的条件如式（3-16）所示：

$$MRS_{XY}^{A} = MRS_{XY}^{B} \tag{3-16}$$

（二）生产的帕累托最优条件

假定两种生产要素 L 和 K，其既定数量为 $L_0$ 和 $K_0$。两个生产者分别为 C 和 D。图 3-4 表示埃奇沃斯盒状图，是一种用来分析两种生产要素在两个生产者之间分配的工具。盒子的水平长度表示生产要素 L 的数量 $L_0$，盒子的垂直高度表示生产要素 K 的数量 $K_0$。$O_C$ 为生产者 C 的原点，$O_D$ 为生产者 D 的原点。从 $O_C$ 水平向右测量生产者 C 对生产要素 L 的消费量 $L_C$，从 $O_C$ 垂直向上测量生产者 C 对生产要素 K 的消费量 $K_C$；从 $O_D$ 水平向左测量生产者 D 对生产要素 L 的消费量 $L_D$，从 $O_D$ 垂直向下测量生产者 D 对生产要素 K 的消费量 $K_D$。

对于盒中任意一点，比如 a'，a' 对应生产者 C 的消费量（$L_C$，$K_C$）和生产者 D 的消费量（$L_D$，$K_D$），满足条件式（3-17）：

$$L_C + L_D = L_0$$
$$K_C + K_D = K_0 \tag{3-17}$$

盒子（包括边界）确定了两种生产要素在两个生产者之间的所有可能的分配情况。由于 $O_C$ 是生产者 C 的原点，故 C 的等产量线如 $I_C$、$II_C$、$III_C$ 所示，其中：$III_C$ 代表较高的产量水平，而 $I_C$ 代表较低的产量水平。同理，由于 $O_D$ 是生产者 D 的原点，故 D 的等产量线如 $I_D$、$II_D$、$III_D$ 所示，其中：$III_D$ 代表较高的产量水平，而 $I_D$ 代表较低的产量水平。

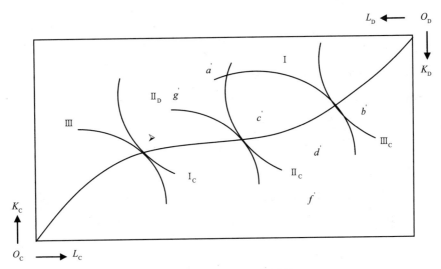

**图 3-4　生产的帕累托最优**

由于假定生产函数是连续的，所以点 $a'$ 必然处于生产者 C 和 D 的某条等产量线上。假设两条等产量线在 $a'$ 点相交，则 $a'$ 点不可能是帕累托最优状态。因为，如果改变初始分配状态，从 $a'$ 点变动到 $b'$ 点，生产者 C 的产量水平从 $II_C$ 提高到 $III_C$，而生产者 D 的产量水平并未变化，仍停留在等产量线 $I_D$ 上。因此，在 $a'$ 点存在帕累托改进的余地。或者，将 $a'$ 点变动到 $c'$ 点，生产者 C 的产量水平并未变化，但生产者 D 的产量水平却提高了。而如果让 $a'$ 点变动到 $d'$ 点，则生产者 C 和 D 的产量水平均会提高。由此得出结论：在生产的埃奇沃斯盒状图中，任意一点，如果它处于生产者 C 和 D 的两条等产量线的交点上，则它就不是帕累托最优状态。

如果假定初始的产品分配状态处于两条等产量线的切点，如 $c'$ 点，则不存在帕累托改进的余地，其变动可能包括：向右上方移动到生产者 C 较高的等产量线上，C 的产量水平提高了，但生产者 D 的产量水平却下降了；向左下方移动到生产者 D 较高的等产量线上，D 的产量水平提高了，但生产者 C 的产量水平却下降了；或者就是生产者 C 和生产者 D 的产量水平都降低。由此可得出结论：在交换的埃奇沃斯盒状图中，任意一点，如果它处于生产者 C 和 D 的两条等产量线的切点上，则它就是帕累托最优状态，并称之为生产的帕累托最优状态。

生产的帕累托最优状态是等产量线的切点，而等产量线的斜率的绝对值又叫作两种要素的边际技术替代率，所以，对于生产者 C 和 D 来说，L 代替 K 的边际技术替代率分别用 $MRTS_{LK}^C$ 和 $MRTS_{LK}^D$ 来表示，则交换的帕累托最优状态的条件如式（3-18）所示：

$$MRTS_{XY}^C = MRTS_{LK}^D \tag{3-18}$$

（三）交换和生产的帕累托最优条件

按照第三章第一节的分析，可以得出结论：任何两种产品的边际转换率等于其边际替代率是交换和生产的帕累托最优条件，如式（3-19）所示：

$$MRS_{XY} = MRT_{XY} \tag{3-19}$$

而且，当且仅当交换的帕累托最优条件、生产的帕累托最优条件、交换和生产的帕累托最优条件均得到满足时，整个经济才能达到帕累托最优状态。

# 第二节　既有居住建筑节能改造的 Walras 均衡模型

## 一、基本假设

（1）两种生产要素、一种商品：两种生产要素是资本和劳动，分别用 $K_0$ 和 $L_0$ 表示总量；商品就是消费者消费的热，用 $H$ 表示；分别用 $P_H$、$P_K$、$P_L$ 表示热、资本和劳动的价格。

（2）所有商品市场和要素市场均为完全竞争市场。

（3）商品的边际效用递减，生产要素的边际产出递减。但热用户的热商品边际效用大于零，生产要素的边际产出大于零。

（4）$m$ 个热用户：热用户既是热商品的需求者，又是生产要素的供给者，以追求个人效用最大化为目标。每个热用户的全部收入都来自要素供给，且将全部收入均用于消费，既没有储蓄，也没有负储蓄。拒绝实施节能改造的热用户总数为 $r$（$r<m$），实施节能改造的热用户总数为（$m-r$）。热用户的效用函数、收入函数表述为：

$U=U$（$Q_i$，$Q_j$），$U$ 表示热用户的效用水平，$Q_i$、$Q_j$ 表示热用户对拒绝实施节能改造及实施节能改造的供热企业热商品的需求量，其中，$i=1$，…，$r$；

$j=r+1$，…，$m$。

$I=P_K \cdot Q_k+P_L \cdot Q_1$，$Q_k$、$Q_1$表示热用户对拒绝实施节能改造及实施节能改造的供热企业资本和劳动的供给量。

（5）$n$家供热企业：供热企业既是生产要素的需求者，又是热商品的供给者，以利润最大化为目标。拒绝实施节能改造的供热企业的热供给总量为$X$，实施节能改造的供热企业的热供给总量为$Y$。供热企业热商品的生产函数表述为：

$X=AK_1^a L_1^b$，其中，$A$、$a$、$b$代表拒绝实施节能改造的供热企业的综合技术水平及热商品生产过程中资本和劳动的相对重要性，$a$，$b>0$，$a+b=1$；$Y=BK_2^c L_2^d$，其中，$B$、$c$、$d$代表实施节能改造的供热企业的综合技术水平及热商品生产过程中资本和劳动的相对重要性，$c$，$d>0$，$c+d=1$。

（6）每家供热企业在生产函数的约束条件下生产热商品以使利润达到最大。

（7）社会福利函数：$W=W_0+\alpha\ln X+\beta\ln Y$，其中，$\alpha$，$\beta>0$，$\alpha+\beta=1$，$\alpha$、$\beta$表示偏好程度。

（8）拒绝实施节能改造的供热企业与实施节能改造的供热企业并联；室外供热管网属于环状网，为确保供热的可靠性，一级管网之间装有使热源具有备用功能的跨接管，二级管网之间装有使热网具有备用功能的跨接管。

## 二、模型构建与求解

（一）消费者均衡

1. 热用户效用最大化均衡条件

在购买两种商品的情况下热用户效用最大化的均衡条件如式（3-20）、式（3-21）所示：

$$P_H H_i+P_H H_j=I \tag{3-20}$$

$$\frac{MU_i}{P_H}=\frac{MU_j}{P_H}=\delta \tag{3-21}$$

其中：$\delta$表示货币的边际效用，设为常数。

2. 热用户的效用函数

热用户的效用函数：表示某一组商品组合给热用户带来的效用水平，根据假设（4），热用户的效用函数如式（3-22）所示：

$$U=U\left(Q_i, Q_j\right) \tag{3-22}$$

由于两家供热企业提供的热商品是同质的，所以两种热商品具有完全替代性，那么，某热用户1、热用户2、热用户3的效用函数是一个定值，如式（3-23）、式（3-24）、式（3-25）所示：

$$U_1 = U_1(Q_{i1}, Q_{j1}) = U_0^1 \tag{3-23}$$

$$U_2 = U_2(Q_{i2}, Q_{j2}) = U_0^2 \tag{3-24}$$

$$U_3 = U_3(Q_{i3}, Q_{j3}) = U_0^3 \tag{3-25}$$

在完全替代的情况下，两商品之间的边际替代率恒等于1，相应的无差异曲线都是一条斜率为$-1$的直线，那么，热用户1、热用户2、热用户3的无差异曲线$U_1$、$U_2$、$U_3$，如图3-5所示。

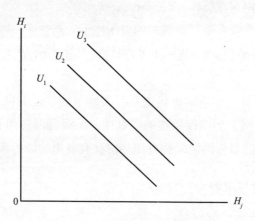

图3-5　热用户的无差异曲线

### 3. 热用户的消费预算线

热用户的消费预算线：表示在热用户的收入和热商品价格给定的条件下，热用户的全部收入所能购买到的$Q_i$、$Q_j$两种热商品的各种组合，其预算等式如式（3-26）所示：

$$P_H Q_i + P_H Q_j = I \tag{3-26}$$

该式表示：热用户的全部收入等于其购买商品$Q_i$和$Q_j$的总支出。此外，还可以将式（3-26）改写为式（3-27）形式：

$$Q_j = -\frac{P_H}{P_H} Q_i + \frac{I}{P_H} \tag{3-27}$$

根据第三章第二节中假设条件（3）可知，热用户获得的效用越高，其热商品预算支出越高。根据消费预算线的定义，唯有预算线上的任何一点，才是热用户的全部收入刚好花完所能购买到的商品组合点。因此，热用户1、热用户2、热用户3的消费预算线的斜率都为$-1$，横截距、纵截距分别为$\dfrac{I_1}{P_H}$、$\dfrac{I_2}{P_H}$、$\dfrac{I_3}{P_H}$。相应地，热用户1、热用户2、热用户3的消费预算线如图3-6所示。

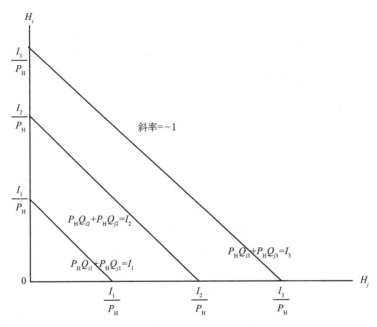

图3-6　热用户的消费预算线

4. 单个热用户的消费者均衡

热用户的最优购买行为必须满足两个条件：第一，最优的热商品购买组合必须是热用户最偏好的商品组合。也就是说，最优的商品购买组合必须是能够给热用户带来最大效用的商品组合。第二，最优的商品购买组合必须位于给定的预算线上。由于两种热商品具有完全替代性，导致热用户1、热用户2、热用户3各自的消费预算线与其无差异曲线出现重合，如图3-7所示，说明每个具体的热用户在给定的预算约束下能够获得无数个最大效用的均衡点$E_i$（$H_i^*$，$H_j^*$），相应地，存在无数个最优消费组合，说明：就单个热用户而言，热用户对拒绝实施改造和实施节能改造的供热企业提供的热商品的个人偏好、拒绝实施节能改造和实施节能改造的供热企业提供的热商品价格，是热用户消费决策的关键影响因素。

5. 热价不变、个人偏好发生变化时的消费者均衡

如果热价不发生变化，那么热用户 1、热用户 2、热用户 3 的预算曲线不会发生变化，仍然如图 3-6 所示；而反映热用户 1、热用户 2、热用户 3 效用水平的无差异曲线则会发生变动，如图 3-8 所示。

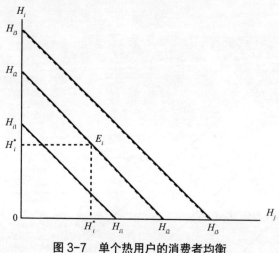

**图 3-7　单个热用户的消费者均衡**

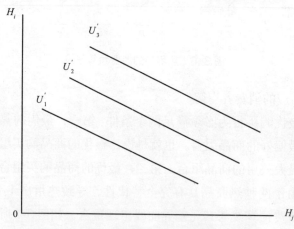

**图 3-8　个人偏好变化后热用户的无差异曲线**

此时，热用户的消费者均衡如图 3-9 所示，热用户 1、热用户 2、热用户 3 各自的消费预算线与其无差异曲线的交点 $E_1$ $(H_{i1}^*, H_{j1}^*)$、$E_2$ $(H_{i2}^*, H_{j2}^*)$、$E_3$ $(H_{i3}^*, H_{j3}^*)$，就是热用户 1、热用户 2、热用户 3 在给定的预算约束下能够获得最大效用的均衡点。

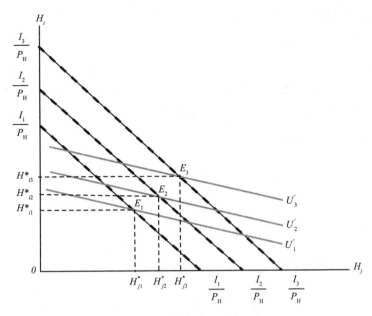

图 3-9　热用户的消费者均衡

由图 3-9 可以发现，虽然热价并没有发生变化，但是由于热用户对拒绝实施改造和实施节能改造的供热企业提供的热商品的偏好发生了变化，每个具体的热用户在给定的预算约束下获得的最大效用均衡点并不再是无数个，而只有一个。

热用户对热商品的偏好发生变化之后，将所有热用户组合偏好程度的累加[①]，热用户对拒绝实施节能改造的供热企业提供的热商品的需求总量为 $\sum\limits_{i=1}^{r} H_{ii}^{*}$，热用户对实施节能改造的供热企业的热商品的需求总量为 $\sum\limits_{j=r+1}^{m} H_{jj}^{*}$，供热企业将会根据热用户对热商品需求数量的变化，确定热商品的生产数量，避免热商品出现供不应求或者供过于求的情况。由此可见，热用户个人偏好的变化，将对既有居住建筑节能改造供热市场均衡产生较大的影响。

6. 个人偏好不变、热价变化时的消费者均衡

如果个人偏好不发生变化，那么反映热用户效用水平的无差异曲线不会发生变化，仍然如图 3-5 所示；而热用户的消费预算线则会发生变动，预算线的变动可以归纳为四种情况：一是热用户的收入发生变化，相应的预算线的位置会

---

① 　热用户对热商品偏好累加的结果，将形成社会对热商品的社会偏好，即 α、β。

发生平移,但预算线的斜率保持不变;二是热用户的收入不变,两种热商品的价格同比例同方向的变化,此时热用户的预算线斜率保持不变,只是预算线的横、纵截距发生变化;三是热用户的收入不变,实施节能改造的供热企业供给的热商品的价格发生变化,此时,预算线斜率发生变化,但预算线的纵截距保持不变;四是热用户的收入不变,拒绝实施节能改造的供热企业供给的热商品的价格发生变化,此时,预算线斜率发生变化,但预算线的横截距保持不变。此时既有居住建筑节能改造供热市场均衡的第一、二种情况如图 3-10 所示,第三、四种分别如图 3-11、图 3-12 所示。

图 3-10 包含了两种情况,即:一是热用户的收入发生变化;二是 $H_i$、$H_j$ 的价格虽然发生变化,但变化的比例和方向相同。这两种情况导致热用户的消费预算线与其无差异曲线仍然重合,出现了类似图 3-7 所示的情况,热用户在给定的预算约束下能够获得无数个最大效用的均衡点,即:存在无数个最优消费组合,那么,相应地,热用户对供热企业是否实施节能改造则毫不关心。

在图 3-11、图 3-12 中,虽然热用户的偏好没有发生变化,但是由于拒绝实施改造和实施节能改造的供热企业提供的热商品价格发生了变化,使得热用户最优购买组合的均衡点都发生了移动,相应的最优购买组合也发生了变化。可见,即使热用户偏好不发生变化,只要拒绝实施改造的供热企业提供的热商品和实施节能改造的供热企业提供的热商品价格发生变化,也将对既有居住建筑

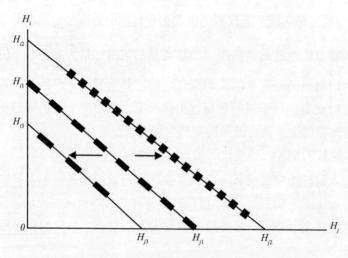

图 3-10　热用户收入变化时某热用户的消费者均衡

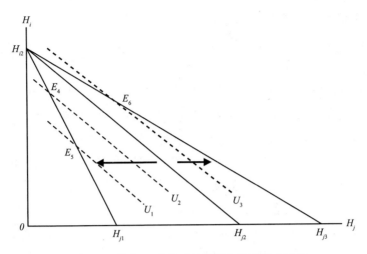

图 3-11　热价 $H_i$ 变化时某热用户的消费者均衡

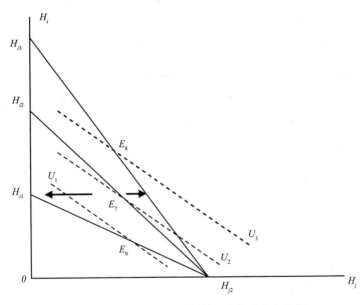

图 3-12　热价 $H_j$ 变化时某热用户的消费者均衡

节能改造市场资源配置产生较大的影响。但是，需要指出的是：由于在热商品生产过程中需要资本、劳动等生产要素的投入，而且不同的生产要素在热商品生产过程中的相对重要性并不相同，所以，资本价格的变动、劳动价格的变动、资本劳动价格之比的变动都将对热商品价格的定位产生影响，并进而对热用户的最优购买组合产生影响。因此，生产要素的价格及其价格之比也是既有居住建筑节能改造市场资源配置的影响因素之一。

7. 热用户消费决策的影响因素构成

热用户的消费决策会受到消费预算线的约束，所以，热用户的收入，尤其是其个人可支配收入无疑是影响热用户消费决策的最大影响因素之一。根据第二节基本假设中的结论可知：热用户对拒绝实施改造和实施节能改造的供热企业提供的热商品的个人偏好、拒绝实施节能改造和实施节能改造的供热企业提供的热商品价格，是热用户消费决策的关键影响因素。而根据热价不变、个人偏好发生变化时的消费者均衡、个人偏好不变，热价变化时的消费者均衡两部分的分析可知：热商品的价格及不同供热企业提供的热商品的价格之比、热用户个人偏好的变化也将对热用户的消费决策产生影响。因此，热用户消费决策的主要影响因素包括：①热用户的个人可支配收入；②热商品价格及不同供热企业提供的热商品价格之比；③热用户的个人偏好。

（二）供热企业最优的生产要素组合

1. 供热企业的等产量曲线

在技术水平不变的条件下生产同一产量热商品的两种生产要素投入量的所有不同组合的轨迹，等产量曲线是凸向原点的，如图 3-13 所示，等产量曲线与坐标原点的距离的大小表示产量水平的高低：离原点越近的等产量曲线代表的产量水平越低；离原点越远的等产量曲线代表的产量水平越高。

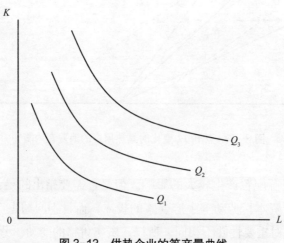

图 3-13　供热企业的等产量曲线

2. 供热企业的等成本线

供热企业在既定的成本和生产要素价格条件下生产者可以购买到的两种生产要素的各种不同数量组合的轨迹。供热企业的成本函数如式（3-28）所示：

$$C = P_K \cdot K + P_L \cdot L \tag{3-28}$$

如图 3-14 所示，供热企业的等成本线是一条直线，横轴上的点 $\dfrac{C}{P_L}$ 表示既定的全部成本都购买劳动时的数量，纵轴上的点 $\dfrac{C}{P_K}$ 表示既定的全部成本都购买资本时的数量。它表示供热企业的全部成本所能购买到的劳动和资本的各种组合，等成本曲线的斜率为 $-\dfrac{P_L}{P_K}$，即为两种生产要素价格之比的负值。

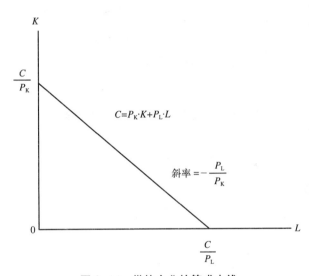

图 3-14　供热企业的等成本线

3. 既定成本下的产量最大化

根据第二节中假设条件（5）可知，供热企业通过销售热商品获得的收入即为该供热企业的既定成本，供热企业的等成本线和其中一条等产量曲线的切点 F（图 3-15），就是该供热企业生产的均衡点。它表示：在既定成本条件下，供热企业按照 F 点的生产要素组合进行生产，供热企业就会获得最大的产量。

4. 既定产量下的成本最小化

根据第二节中假设条件（4）可知，热用户对供热企业热商品的需求量为 $Q$，

Q 代表该供热企业热商品的既定产量。供热企业的等产量曲线 Q 和其中一条等成本线的切点 F（图 3-16），就是该供热企业在既定产量 Q 条件下实现最小成本的要素组合。

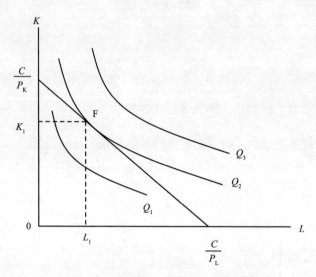

**图 3-15　既定成本下产量最大的要素组合**

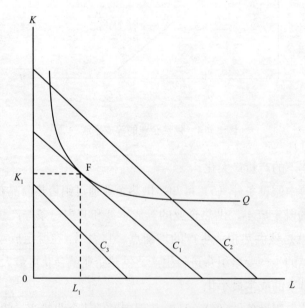

**图 3-16　既定产量条件下成本最小的要素组合**

5. 利润最大化下的生产要素组合

在完全竞争条件下，对供热企业来说，热价和生产要素价格都是既定的，供热企业可以通过对生产要素投入量的不断调整来实现最大的利润。拒绝实施节能改造和实施节能改造的供热企业的利润函数分别如式（3-29）、式（3-30）所示：

$$R_X = P_H \cdot X - (P_{K1} \cdot K_1 + P_{L1} \cdot L_1) \tag{3-29}$$

$$R_Y = P_H \cdot Y - (P_{K2} \cdot K_2 + P_{L2} \cdot L_2) \tag{3-30}$$

在式（3-29）、式（3-30）中，$R_X$、$R_Y$ 分别表示拒绝实施节能改造和实施节能改造的供热企业的收益，$(P_{K1} \cdot K_1 + P_{L1} \cdot L_1)$、$(P_{K2} \cdot K_2 + P_{L2} \cdot L_2)$ 分别表示拒绝实施节能改造和实施节能改造的供热企业的成本。那么，拒绝实施节能改造和实施节能改造的供热企业的利润最大化的一阶条件分别如式（3-31）、式（3-32）所示：

$$\frac{\partial R}{\partial K_1} = 0, \quad \frac{\partial R}{\partial L_1} = 0 \tag{3-31}$$

$$\frac{\partial R}{\partial K_2} = 0, \quad \frac{\partial R}{\partial L_2} = 0 \tag{3-32}$$

6. 供热企业生产决策的影响因素及其生产结构构成

供热企业生产热商品会受到等成本曲线的约束，所以，供热企业的经济实力无疑是影响供热企业生产决策的最大影响因素之一。根据既定成本下的产量最大化、既定产量下的成本最小化中的分析，可知：供热企业会在成本既定的情况下追求产量的最大化，在产量既定的情况下追求成本最小化，通过对生产要素投入量的不断调整来实现最大的利润，所以，经济效益也将对供热企业的生产决策产生重大影响。因此，供热企业生产决策的主要影响因素包括：①企业自身的经济实力；②经济效益的大小。

由式（3-31）、式（3-32）分别可得式（3-33）、式（3-34）：

$$\frac{AaK_1^{a-1}L_1^b}{P_{K1}} = \frac{AbK_1^a L_1^{b-1}}{P_{L1}} \tag{3-33}$$

$$\frac{BcK_2^{c-1}L_2^d}{P_{K2}} = \frac{BdK_2^c L_2^{d-1}}{P_{L2}} \tag{3-34}$$

经过整理可得：$\dfrac{P_{K1}}{P_{L1}} = \dfrac{aL_1}{bK_1}$，$\dfrac{P_{K2}}{P_{L'2}} = \dfrac{cL_2}{dK_2}$，根据热用户对 $X$、$Y$ 的偏好分别为 $\alpha$、$\beta$ 的假设，可知 $\dfrac{P_H \cdot X}{P_H \cdot Y} = \dfrac{\alpha}{\beta}$；根据 $L_1 + L_2 = L_0$，$K_1 + K_2 = K_0$ 的假设，将计算得出

的 $L_1$ 与 $L_2$ 之间大小关系代入，可以求得：$L_1 = \dfrac{\alpha b}{\alpha b + \beta d}L_0$，$L_2 = \dfrac{\beta d}{\alpha b + \beta d}L_0$。同理，经过计算可以得到既有居住建筑节能改造要素配置和生产结构为：

$$K_1 = \frac{\alpha a}{\alpha a + \beta c}K_0, \quad K_2 = \frac{\beta c}{\alpha a + \beta c}K_0, \quad L_1 = \frac{\alpha b}{\alpha b + \beta d}L_0, \quad L_2 = \frac{\beta d}{\alpha b + \beta d}L_0,$$

$$X = \frac{A\alpha a^b b^b K_0{}^a L_0{}^b M^b}{\alpha a + \beta c}, \quad Y = \frac{B\beta c^c d^d K_0{}^c L_0{}^d M^d}{\alpha a + \beta c},$$

其中：$M = (\alpha a + \beta c)/(\alpha b + \beta d)$。

## 三、结果分析

（一）个人可支配收入、个人偏好、热商品价格及不同供热企业提供的热商品价格之比是影响热用户消费决策的主要影响因素

热用户在购买热商品时，必然会受到自身的收入水平，尤其是个人可支配收入水平的限制。如果收入水平偏低，即使参与既有居住建筑节能改造的积极性再高，热用户的表现也只能是心有余而力不足，无法将个人的节能改造意愿转化为节能改造行为。

无法否认，热用户对热商品的需求具有刚性的特点，通过消费热商品提高居住的热舒适度是采暖季热用户的必要选择。但是，当热用户对供热企业提供的热商品偏好发生变化之后，其个人效用函数相应发生变化，相同数量的热商品给同一个热用户带来的效用水平相应发生变化。此时，热用户对热商品的消费数量必然发生变化。当热用户的消费偏好变化逐渐稳定之后，热用户对拒绝实施节能改造的供热企业提供的热商品的需求总量为 $\sum\limits_{i=1}^{r} H_{ii}^{*}$，对实施节能改造的供热企业的热商品的需求总量为 $\sum\limits_{j=r+1}^{m} H_{jj}^{*}$，供热企业将会根据热用户个人偏好信息的变化，确定热商品供给的数量，以获得利润最大化，从而促使供热企业重新选择节能改造策略。可见，热用户个人偏好的变化不仅对自身的消费决策产生重要影响，对既有居住建筑节能改造市场资源配置也将产生较大的影响。

热用户在购买热商品时，不仅会受到自身的收入水平的限制，同时，还会受到热商品价格的限制。当热商品价格及不同供热企业提供的热商品价格之比发生变化时，即使热用户的偏好不发生变化，热用户最优购买组合的均衡点也将发生移动，相应的最优购买组合也会发生变化。

因此，政府部门应该通过对热用户实施经济激励的方式，降低热用户参与既有居住建筑节能改造的进入门槛，针对影响热用户消费决策的主要影响因素实施"基于需求端的既有居住建筑节能改造经济激励方案"，引导更多的热用户参与到既有居住建筑节能改造中来。

（二）自身经济实力、经济效益的大小是供热企业生产决策的主要影响因素

经济实力的强弱一方面能够影响供热是否有实力实施既有居住建筑节能改造，因为，在既有居住建筑节能改造过程中需要资本、劳动等生产要素的投入，需要委托节能服务公司代理节能改造的实施，需要规划设计单位制定节能改造施工方案，需要材料设备供应商、施工单位、监理单位等进行施工改造，如图 3-1 所示，所以，经济实力较差的供热企业根本无法独立完成既有居住建筑节能改造的实施；另一方面经济实力能够影响供热企业在既有居住建筑节能改造中投资的数额。无论企业是否实施节能改造，其目的都是为了能够实现利润最大化，所以，要想调动供热企业参与既有居住建筑节能改造的积极性必须能够了解既有居住建筑节能改造市场的巨大经济潜力。

因此，政府部门同样应该对供热企业实施合理的经济激励方案，鼓励其研究并使用新的技术，引进国外先进的经验并对其员工进行培训，引入国际成熟的投融资模式，比如合同能源管理、清洁能源发展机制等，形成一套完整的"基于供给端的既有居住建筑节能改造经济激励方案"，坚定供热企业实施既有居住建筑节能改造的决心。

（三）既有居住建筑节能改造领域 Walras 均衡状态存在

在既有居住建筑节能改造领域，只要要素配置得当、生产结构合理，热用户个人效用最大化和供热企业利润最大化能够同时得到满足。经过计算，合理的要素配置与生产结构如式（3-35）所示：

$$K_1 = \frac{\alpha a}{\alpha a + \beta c} K_0, L_1 = \frac{\alpha b}{\alpha b + \beta d} L_0$$

$$K_2 = \frac{\beta c}{\alpha a + \beta c} K_0, L_2 = \frac{\beta d}{\alpha b + \beta d} L_0$$

$$X = \frac{A \alpha a^a b^b K_0^a L_0^b M^b}{\alpha a + \beta c} \tag{3-35}$$

$$Y = \frac{B \beta c^c d^d K_0^c L_0^d M^d}{\alpha a + \beta c}$$

其中：$M = (\alpha a + \beta c) / (\alpha b + \beta d)$。

# 第三节　既有居住建筑节能改造的帕累托最优状态模型

## 一、基本假设

（1）两种生产要素、一种商品：两种生产要素是资本和劳动，分别用 $K_0$ 和 $L_0$ 表示总量；商品就是消费者消费的热，用 $H$ 表示；分别用 $P_H$、$P_K$、$P_L$ 表示热价、资本和劳动的价格。

（2）所有商品市场和要素市场均为完全竞争市场。

（3）商品的边际效用递减，生产要素的边际产出递减。

（4）两种改造策略：部分供热企业、消费者拒绝实施节能改造，继续采取粗放式、非节能型的供暖、用暖策略，热供给总量为 $X$；部分供热企业、消费者共同实施节能改造，转而采取集约式、节能型供暖、用暖策略，热供给总量为 $Y$。节能改造具有增量成本，同时，能够产生可观的综合效益，包括经济效益、社会效益和环境效益等。如果节能改造所需要的增量成本大于或者等于节能改造所带来的综合效益，那么节能改造就没有必要实施。因此，本文假设节能改造最终节约的生产要素总量为 $\Delta K$、$\Delta L$，实施改造的供热企业新增的供热能力用 $Z$ 表示。两种策略下，供热企业热商品的生产函数表述为：

$X=AK_1^aL_1^b$，其中，$A$、$a$、$b$ 代表拒绝实施节能改造的供热企业的综合技术水平及热商品生产过程中资本和劳动的相对重要性，$a$，$b>0$，$a+b=1$；

$Y=BK_2^cL_2^d$，$Z=B\Delta K^c\Delta L^d$，其中，$B$、$c$、$d$ 代表实施节能改造的供热企业的综合技术水平及热商品生产过程中资本和劳动的相对重要性，$c$，$d>0$，$c+d=1$。

（5）$W=W_0+\alpha\ln X+\beta\ln Y$，其中，$\alpha$、$\beta>0$，$\alpha+\beta=1$，$\alpha$、$\beta$ 表示偏好程度，由于目前既有居住建筑节能改造仍然处于起步阶段，通过节能改造节约的生产要素 $\Delta K$、$\Delta L$ 数量仍然很低，所以，为了计算方便，本文对 $\Delta K$、$\Delta L$、$Z$ 都忽略不计。

## 二、模型构建与求解

### （一）要素配置和生产结构

为了确定既有居住建筑节能改造领域的生产结构以及热商品和生产要素的

价格，本文假定既有居住建筑节能改造领域相关的资源数量、生产技术、社会偏好等属于完全信息，决策者可以根据这些信息，以实现社会福利最大化为原则，确定该领域的生产结构以及热商品和生产要素的价格。具体方法如下：

$$Max \ (W_0 + \alpha \ln X + \beta \ln Y)$$

$$x, y$$

$$s.t. \quad X = AK_1^a L_1^b$$

$$Y = BK_2^c L_2^d$$

$$K_1 + K_2 = K_0, \ L_1 + L_2 = L_0$$

经计算，合理的要素配置与生产结构如（3-36）式所示：

$$K_1 = \frac{\alpha a}{\alpha a + \beta c} K_0, L_1 = \frac{\alpha b}{\alpha b + \beta d} L_0$$

$$K_2 = \frac{\beta c}{\alpha a + \beta c} K_0, L_2 = \frac{\beta d}{\alpha b + \beta d} L_0$$

$$X = \frac{A\alpha a^a b^b K_0{}^a L_0{}^b M^b}{\alpha a + \beta c}$$

$$Y = \frac{B\beta c^c d^d K_0{}^c L_0{}^d M^d}{\alpha a + \beta c}$$

(3-36)

在（3-36）式中：$M = (\alpha a + \beta c) / (\alpha b + \beta d)$。

（二）价格的确定

为了研究方便，将供热企业所提供的热商品价格作为一般等价物，即$P_H = 1$。由于（3-36）式是帕累托最优解，根据生产的帕累托最优条件式（3-37）及瓦尔拉均衡价格条件式（3-38）：

$$MRTS_{LK}^X = MRTS_{LK}^Y = \frac{P_L}{P_K}$$

(3-37)

$$P_K K_0 + P_L L_0 = P_H(X + Y)$$

(3-38)

可以求得$a = c$，$b = d$，$M = \dfrac{a}{b} = \dfrac{c}{d}$，进而可以求得$P_K$、$P_L$ 如式（3-39）所示：

$$P_K = a(\alpha A + \beta B)[\frac{L_0}{K_0}]^b$$

$$P_L = b(\alpha A + \beta B)[\frac{L_0}{K_0}]^{-a}$$

(3-39)

而且，此时通过收入法和产值法计算出的国民收入是相同的，结果如式

(3-40) 所示：

$$m = P_K K_0 + P_L L_0 = P_H(X + Y)$$
$$= (\alpha A + \beta B) K_0^a L_0^b \tag{3-40}$$

此外，通过求解导数还可以得到结论式（3-41）：

$$d_{K1}/d_\alpha > 0，\quad d_{L1}/d_\alpha > 0，$$
$$d_{K2}/d_\alpha < 0，\quad d_{L2}/d_\alpha < 0， \tag{3-41}$$

（三）意愿产品需求函数和供热企业成本函数

根据社会福利最大化的原则，人们对产品的需求满足：

$$Max\ (W_0 + \alpha \ln X + \beta \ln Y)$$
$$x, y$$
$$s.t.\quad P_H(X + Y) = m$$

可以得出社会的意愿产品需求函数如式（3-42）所示：

$$X(P_H, m) = \alpha m / P_H，\quad Y(P_H, m) = \beta m / P_H \tag{3-42}$$

在现有偏好水平下，拒绝实施节能改造的供热企业和实施节能改造的供热企业的热商品平均成本 $AC_X$、$AC_Y$ 分别如式（3-43）、式（3-44）所示：

$$AC_X = (P_K K_1 + P_L L_1) / X = (\alpha A + \beta B) / A \tag{3-43}$$

$$AC_Y = (P_K K_2 + P_L L_2) / Y = (\alpha A + \beta B) / B \tag{3-44}$$

## 三、结果分析

（一）既有居住建筑节能改造 Walras 均衡符合"帕累托最优状态"

在既有居住建筑节能改造领域 Walras 均衡状态存在分析中已经证明既有居住建筑节能改造领域的 Walras 均衡状态存在，通过对既有居住建筑节能改造的帕累托最优状态模型的求解，能够得到一组价格，使得所有市场的供给和需求恰好相等，即整个经济体系达到一般均衡状态。令 $P_H$ 为一般等价物，进而可以求得 $P_K$、$P_L$，如式（3-39）所示；将 $P_H$、$P_K$、$P_L$ 代入，通过收入法和产值法计算出的国民收入是相同的。这也充分说明了在第三章第二节消费者均衡假设中，基本假设（4）是合理的，即：每个热用户的全部收入都来自要素供给，且将全部收入均用于消费，既没有储蓄，也没有负储蓄。而且，通过第二节的分析，在完全竞争市场条件下，既有居住建筑节能改造领域的帕累托最优状态的要素配置与生产结构（如式（3-36）所示）与 Walras 均衡状态下的要素配置与生产结构（式（3-35））完全吻合，说明：在完全竞争市场条件下，只要要素配置得当、生产结构合理，既有居住建筑节能改造领域的 Walras 均衡存在，而且符合帕累托最优状态，即整个既有居住建筑节能改造市场实现了有效率的配置。

因此，在理想状态下，市场经济制度是解决既有居住建筑资源配置和资源利用的最优手段，既有居住建筑节能改造经济激励的长远目标应该为：建立既有居住建筑节能改造市场，既有居住建筑节能改造市场能够实现既有居住建筑节能改造领域的有效率的资源配置。

（二）社会偏好、综合技术水平是影响节能改造领域资源配置的重要因素

如式（3-41）所示，如果热用户对拒绝实施节能改造的偏好继续增加，那么，投入到拒绝实施节能改造的供热企业中的生产要素资本和劳动的数量都会增加；相应地，投入到实施节能改造的供热企业中的生产要素资本和劳动的数量都会减少。因此，要想推动供热企业实施节能改造，就必须通过系列措施，增加社会对既有居住建筑节能改造的偏好程度。

根据生产的帕累托最优条件式（3-37）及瓦尔拉均衡价格条件式（3-38），可以求得 $a=c$，$b=d$，说明拒绝实施节能改造和实施节能改造的供热企业的生商品生产过程中资本和劳动的相对重要性相同，最终影响供热企业热商品产量的因素为 $A$、$B$ 的大小。供热企业要想在既有的生产要素供给条件下，生产更多的热商品，就必须积极开展技术创新，提高自身的生产技术水平。

（三）政府对实施节能改造的供热企业应当采取经济激励方案

根据式（3-43）、式（3-44），分别用 $AC_X$、$AC_Y$ 与供热价格相减，得到式（3-45）、式（3-46）：

$$AC_X - P_H = \frac{\alpha A + \beta B}{A} - 1 = \frac{\beta}{A}(B-A) \tag{3-45}$$

$$AC_Y - P_H = \frac{\alpha A + \beta B}{B} - 1 = \frac{\alpha}{A}(A-B) \tag{3-46}$$

一般来讲，供热企业通过实施节能改造，其综合技术水平会更高，即 $B \geq A$，那么，拒绝实施改造的供热企业仍在盈利，而实施节能改造的供热企业却在亏损。为了保持供热企业实施节能改造的积极性，同时打击拒绝实施节能改造的供热企业的信心，政府应当一方面对实施节能改造的供热采取合理的经济激励手段，并给予拒绝实施节能改造的供热企业以适当的惩罚措施。

# 第四章 既有居住建筑节能改造的市场失灵分析

## 第一节 既有居住建筑节能改造的现实经济属性分析

在第三章中，证明了：完全竞争市场在一系列理想化假定条件下，可以使得既有居住建筑节能改造领域达到 Walras 一般均衡状态，使得既有居住建筑节能改造领域内的资源配置达到帕累托最优状态。但是，由于完全竞争市场以及其他一系列理想化假定条件并非既有居住建筑节能改造领域的真实写照，所以，很有必要对既有居住建筑节能改造领域的实际运行特征进行研究和分析。现实经济条件下，既有居住建筑节能改造领域存在的最为明显的两大特征就是：非均衡运行和外部性。

### 一、既有居住建筑节能改造非均衡运行的基本原理

（一）非均衡理论的提出及演进

非均衡思想的诞生以 1936 年约翰·梅纳德·凯恩斯（John Maynard Keynes）《就业、利息和货币通论》的出版为标志。此后，1956 年，唐·帕廷金（Don Patinkin）出版了《货币、利息和价格》，从商品市场的需求不足对劳动市场的过度供给所产生溢出效应出发，研究了劳动市场的局部非均衡。20 世纪 60 年代中期，"现代非均衡理论之父"罗伯特·韦恩·克洛尔（Robert Wayne Clower），建立了一种包容了各种货币中介与行为人特征的模型来描述货币经济中的动态调整过程，得出市场机制无法进行完善的自我调节、经济中处处存在非均衡现象的结论。1968 年，莱荣霍夫德（Leijonhufvud）对非均衡状态下价格经常呈刚性的原因进行了深刻的分析。1969 ～ 1971 年，巴罗（Barro）和格罗斯曼（Grossman）系统地论述了数量调节思想，建立了收入和就业的一般非均衡模型。20 世纪 70 年代中期，法国著名经济学家贝纳西（Benassy）在《货

币经济中的凯恩斯非均衡理论》(1975)《垄断价格制定的非均衡方法和一般垄断均衡》(1976)《市场非均衡经济学》(1982) 等文章和著作中，从微观角度研究了货币经济下行为人在非均衡市场上的行为特征，构筑了市场非均衡理论，从宏观经济学的微观基础出发来研究宏观非均衡问题，对非均衡经济学的基本理论及应用进行了综合地、深入地、系统地研究。马林沃 (Malinvand)、格兰蒙 (Grandmont)、德瑞兹 (Dreze) 等人也从微观与宏观经济的不同方面对非均衡理论作了研究。匡特 (Qusndt)、戈德菲尔德 (Gddfeld)、杰菲 (Jaffee) 等着重研究了非均衡经济计量模型。

匈牙利著名经济学家科内尔 (Kornai) 在《短缺经济学》一书中，全面考察了传统经济体制，认为经济体制是经济系统非瓦尔拉斯均衡形成的关键因素，提出了传统经济体制下"企业预算软约束"概念，建立了短缺经济理论。此外，霍瓦德 (Howard)、波茨 (Portes) 和温特 (Winter) 等也对实行社会主义计划经济的中央集权国家的经济非均衡问题进行了研究，并各自提出了相关的理论。

我国学者对非均衡理论的研究从 20 世纪 80 年代末开始。其中：张世英教授对非均衡计量经济模型的建模及估计技术问题的研究，厉以宁教授《非均衡的中国经济》(1990)中对我国传统经济体制下双轨制运行的研究,袁志刚教授《非瓦尔拉斯均衡理论及其在中国经济中的应用》(1997) 中对计划和市场混合经济的效率特征的研究，张守一教授对非均衡再生产理论模型的研究，樊纲《公有制宏观经济理论大纲》中对均衡、非均衡及其可持续性问题的研究，王少平副教授在非均衡计量经济模型方面的研究，杨瑞龙《宏观非均衡的微观基础》中对我国现阶段市场非均衡下的经济主体行为规则、价格调整、数量调整及其宏观效应的研究等都比较具有代表性。

（二）既有居住建筑节能改造的非均衡运行

在经济学中，非均衡是相对于瓦尔拉均衡而言的。瓦尔拉均衡是假设存在完善的市场和灵敏的价格体系条件下所达到的均衡。非均衡是指不存在完善的市场，不存在灵敏的价格体系的条件下所达到的均衡。

现实经济运行中，市场总是不完善的，信息也不可能完全共享，所以，非均衡是现代经济的常态，均衡只是特例或者近似。由于既有居住建筑节能改造仍处于起步阶段，与之相关的供热市场并未完全形成，完善的供热市场更是无从谈起。此外，在北方采暖地区供热市场领域，供热行业具有自然垄断性，热价无法通过市场自由竞争形成，只能通过政府模拟市场机制进行管理，变化迟钝，导致价格体系无法及时地反映最优商品转换比率和要素相对稀缺程度，灵敏的价格体系也并不存在。所以，北方采暖地区供热市场领域具有明显的非均衡特点。

## 二、既有居住建筑节能改造的外部性特征分析

### (一) 外部性理论的提出及演进

外部性理论的发展可以按照萌芽、提出、形成、成熟等几个阶段予以划分。1740 年，大卫·休谟 (David Hume, 1711 ~ 1776) 对"公地悲剧"问题的研究；"现代经济学大师"亚当·斯密 (Adam Smith, 1723 ~ 1790) 研究自然经济制度时发现的"在追求他本身的利益时，也常常促进社会的利益"的论述等都可以视为外部性理论发展的萌芽阶段。

1887 年，英国经济学家、剑桥学派的奠基者亨利·西奇威克 (Henry Sidgwick) 在其《政治经济学原理》一书中，用灯塔的例子，阐述了经济活动中的私人成本与社会成本、私人收益与社会收益并非经常一致。1890 年，新古典经济学家阿尔弗雷德·马歇尔 (Alfred Marshall, 1842—1924) 在分析个别厂商和行业经济运行时，首创"外部经济"和"内部经济"的概念，马歇尔也因此被公认为外部理论概念的创始者。这个阶段，可视为外部性理论的提出阶段。

1912 年，英国新古典经济学家亚瑟·赛斯尔·庇古 (Arthur Cecil Pigou, 1877 ~ 1959) 出版《财富与福利》，1920 年再版更名为《福利经济学》，书中提出了私人边际成本和社会边际成本、边际私人纯产值和边际社会纯产值等概念，并以此作为理论分析工具，基本形成了静态技术外部性的基本理论；1924 年，庇古进一步研究和完善了外部性问题，提出了"内部不经济"和"外部不经济"的概念，提出完全依靠市场机制实现资源的最优配置从而达到帕累托最优是不可能的，需要依靠政府征税或补贴来解决经济活动中存在的外部性问题，"庇古税"成为政府干预经济、消除经济活动中外部性的有力措施。这个阶段，可视为外部性理论发展的形成阶段。

1928 年，阿温·杨 (Alwyn Young) 在《收益递增与经济进步》一文中，系统地阐述了动态的外部经济思想，将研究视角从产业内对厂商和产业的分析，转移到产业之间，发现随着劳动分工的扩大，专门为其他厂商提供资本或服务的厂商出现。后来，动态外部经济思想发展成为欠发达国家的"平衡增长"学

说和"联系效应"学说。1952 年，鲍莫尔在《福利经济及国家理论》一书中对垄断条件下的外部性问题、帕累托效率与外部性、社会福利与外部性等问题作了较深入的考察。

随着研究的深入，外部性理论逐步步入成熟阶段，呈现多元化发展趋势：①遵循庇古的研究思想，对交通拥挤、环境污染等问题展开研究。② 1960 年，罗纳德·科斯在《社会成本问题》中提出，只要产权界定清晰、产权安排合理，对于经济活动中的外部性问题，无须政府干预，市场仍然是最有效的资源配置方式。③沿着马歇尔和阿温·杨，关于动态外部经济思想的思路发展。

虽然，外部性理论成为现代经济学研究的一个热点，但是外部性理论发展面临许多难以解决的问题，主要包括：①不同学派的经济学家对待外部性理论研究的态度大不相同，比如，盛洪认为"经济学的全部问题都是外部性问题"，而张五常则认为"用合约理论取代外部性理论更加符合客观现实"。不同学者对外部性理论所持态度的截然不同，必将对其研究产生负面影响。②外部性概念界定不清，从外部性理论形成至今，尚未产生一个统一的、为众人所接受的外部性概念，不同学者对外部性的概念有着不同的表述。比如，詹姆斯·米德认为"外部性是决策者的行动，给局外人带来直接或间接的、可觉察的利益或损失的原因"；贝特认为"外部性是用价格划分成本与收入时，出现非帕累托最优的状况"；1962 年，布坎南、斯塔布尔宾用函数 $U_A=U_A(X_1, X_2, \cdots, X_n, Y_1)$ 表达了对外部性的认识，将外部性描述成一种相互关系。此后，仍有许多学者致力于外部性概念的界定，但外部性的概念"始终是经济学文献中最令人费解的概念之一"。③忽视了对外部性内部化必要性的研究，外部性并不一定导致生产效率低下，举一个养蜂人的例子：养蜂人养蜜蜂，可以帮助菜农的油菜花授粉，有助于菜农油菜籽产量的提高，而菜农提供的油菜花朵则是蜜蜂采蜜的蜜源之一，蜜蜂可以采到更多花蜜。养蜂人和菜农的行为都具有正外部性，但外部性的存在并没有造成低效率，反而提高双方的生产效率。但是，大部分学者在研究外部性内部化时，往往忽视了对其必要性的讨论。④外部性内部化的目标不够明确，部分学者遵循庇古路径以社会福利最大化为原则，部分学者遵循科斯路径以效率最大化为原则。在完全竞争市场中，经济效益最大化与社会福利最大化并不冲突；但现实社会中，市场大多是不完善的，价格机制也无法完全及时地反映商品替代率，外部性内部化究竟是以公平、还是以效率为原则的问题依然难以解决。

**（二）既有居住建筑节能改造的外部性特点**

1.外部性的概念及分类

在《新帕尔格雷夫经济学大辞典》中，分别用"外在经济"（external economics）"外在性"（externalities）两个词条来解释外部性的概念。但是，它仅对"外在经济"进行了解释，认为外在经济（不经济）或生产中的正的（负的）外在效应，是一个生产者的产出或投入对另一个生产者的不付代价的副作用。

我国学者沈满洪、何灵巧认为，外部性的定义大致可以分为两类：一类是从外部性的产生主体角度来定义，如萨缪尔森和诺德豪斯的定义："外部性是指那些生产或消费对其他团体强征了不可补偿的成本或给予了无需补偿的收益的情形"。另一类是从外部性的接受主体来定义，如兰德尔的定义：外部性是用来表示"当一个行动的某些效益或成本不在决策者的考虑范围内的时候所产生的一些低效率的现象；也就是某些效益被给予，或某些成本被强加给没有参加这一决策的人"。用数学语言表述，所谓外部性就是某经济主体福利函数的自变量中包含了他人的行为，而该经济主体又没有向他人提供报酬或索取补偿。即：

$$F_j = F_j \ (X_{1j}, \ X_{2j}, \ \cdots, \ X_{nj}, \ X_{mk}) \ (j \neq k)$$

其中，$j$ 和 $k$ 是指不同的个人（或厂商），$F_j$ 表示 $j$ 的福利函数，$X_i$（i=1，2，$\cdots$，n，m）是指经济活动。这个函数表明，只要某个经济主体 $j$ 的福利受到他自己所控制的经济活动 $X_i$ 的影响外，同时也受到另外一个人 $k$ 所控制的某一经济活动 $X_{mk}$ 的影响，就存在外部性。

外部性具有多种分类组合：①按外部性产生的时间维度划分，可以分为代内外部性和代际外部性；②按外部性影响的空间维度划分，可以分为国内外部性和国际外部性；③按产生外部性的市场状况的不同，可以分为竞争条件下的外部性和垄断条件下的外部性；④按外部性内部化的方式及厂商对于风险的预期，可以分为稳定的外部性和不稳定的外部性；⑤按外部性产生的原因划分，可以分为制度外部性和科技外部性，等等。其中，消费外部性和生产外部性、正外部性和负外部性是经济研究中最常用到的外部性概念。

①消费外部性。消费外部性是指消费者的消费活动直接影响了其他经济行为主体生产或消费的福利。

②生产外部性。生产的外部性是指厂商的生产活动直接影响了其他经济行为主体生产或消费的福利。

③正外部性。又称为"外部经济"或"外部收益"，是指某个经济行为主体的行动使他人或社会受益，而受益者却无需为此付出代价。

④负外部性。又称为"外部不经济"或"外部成本"，是指某个经济行为主体的行动使他人或者社会受损，而造成这种结果的主体却没有为此付出相应的成本。

2. 既有居住建筑节能改造外部性的分类

相关主体实施既有居住建筑节能改造，可以节约能源、减少大气污染、改善周边居住环境、促进相关产业进步，同时能够拉动国民经济的发展。但是，尽管社会因此而获利，却并未向实施既有居住建筑节能改造的相关主体支付报酬，因此既有居住建筑节能改造具有明显的外部性特点。

其中，既有居住建筑节能改造的外部性可以分为：实施节能改造热用户的消费正外部性、拒绝节能改造热用户的消费负外部性、实施节能改造供热企业的生产正外部性、拒绝节能改造供热企业的生产负外部性。

# 第二节　既有居住建筑节能改造的固定价格模型

## 一、基本假设

（1）两种生产要素、一种商品：两种生产要素是资本和劳动，分别用 $K_0$ 和 $L_0$ 表示总量；商品就是消费者消费的热，用 $H$ 表示。

（2）$P_H$、$P_K$、$P_L$ 表示热价、资本和劳动的价格，$P_H$、$P_K$、$P_L$ 固定不变，为常数。

（3）商品的边际效用递减，生产要素的边际产出递减。

（4）两种改造策略：部分供热企业、消费者拒绝实施节能改造，继续采取粗放式、非节能型的供暖、用暖策略，热供给总量为 $X$；部分供热企业、消费者共同实施节能改造，转而采取集约式、节能型供暖、用暖策略，热供给总量为 $Y$。节能改造具有增量成本，同时，能够产生可观的综合效益，包括经济效益、社会效益和环境效益等。如果节能改造所需要的增量成本大于或者等于节能改造所带来的综合效益，那么节能改造就没有必要实施。因此，本文假设节能改造最终节约的生产要素总量为 $\Delta K$、$\Delta L$，实施改造的供热企业新增的供热能力用 $Z$ 表示。两种策略下，供热企业热商品的生产函数表述为：

$X=AK_1^aL_1^b$，其中，$A$、$a$、$b$ 代表拒绝实施节能改造的供热企业的综合技术水平及热商品生产过程中资本和劳动的相对重要性，$a$，$b>0$，$a+b=1$；

$Y=BK_2^cL_2^d$，$Z=B\Delta K^c\Delta L^d$，其中，$B$、$c$、$d$ 代表实施节能改造的供热企业的综合技术水平及热商品生产过程中资本和劳动的相对重要性，$c$，$d>0$，$c+d=1$。

（5）社会偏好发生变动，以 2005 年为分界点[①]：假定 2005 年以前，整个社会对非节能改造策略的偏好更大；2005 年以后，整个社会对节能改造策略的偏好更大。

（6）社会福利函数：

2005 年以前：$W=W_0+\alpha\ln X+\beta\ln Y$，其中，$\alpha$，$\beta>0$，$\alpha+\beta=1$；

2005 年以后：$W=W_0+\gamma\ln X+\lambda\ln(Y+Z)$，其中，$\gamma$，$\lambda>0$，$\gamma+\lambda=1$；

其中：$\alpha$、$\beta$、$\gamma$、$\lambda$ 表示偏好程度，由于目前既有居住建筑节能改造仍然处于起步阶段，通过节能改造节约的生产要素 $\Delta K$、$\Delta L$ 数量仍然很低，所以，为了计算方便，本文对 $\Delta K$、$\Delta L$、$Z$ 都忽略不计，因此能够得出：$\alpha>\gamma>0$，$\lambda>\beta>0$。

## 二、模型构建与求解

### （一）2005 年以前瓦尔拉均衡价格体系的确定

2005 年以前，既有居住建筑节能改造领域相关的要素配置和生产结构已经在第三章第二节的式（3-35）中给出，要素配置为：

$$K_1=\frac{\alpha a}{\alpha a+\beta c}K_0,\quad K_2=\frac{\beta c}{\alpha a+\beta c}K_0,\quad L_1=\frac{\alpha b}{\alpha b+\beta d}L_0,\quad L_2=\frac{\beta d}{\alpha b+\beta d}L_0,$$

生产结构为：

$$X=\frac{A\alpha a^ab^bK_0^aL_0^bM^b}{\alpha a+\beta c},\quad Y=\frac{B\beta c^cd^dK_0^cL_0^dM^d}{\alpha a+\beta c},$$

其中：$M=(\alpha a+\beta c)/(\alpha b+\beta d)$。

如果将供热企业所提供的热商品价格作为一般等价物，即 $P_H=1$。那么，以求得 $P_K$，$P_L$ 为：$P_K=a(\alpha A+\beta B)[\frac{L_0}{K_0}]^b$，$P_L=b(\alpha A+\beta B)[\frac{L_0}{K_0}]^{-a}$。同时，可以求得社会的意愿产品需求函数为：$X(P_H,m)=\alpha m/P_H$，$Y(P_H,m)=\beta m/P_H$，拒绝实施节能改造和实施节能改造的供热企业供给的热商品的平均成本 $AC_X$、$AC_Y$

---

[①] 根据 2005 年住房城乡建设部组织的《建筑节能调查问卷》，居民对既有居住建筑节能改造持愿意态度的比例为 58%，对既有居住建筑节能改造持不愿意态度的比例仅为 8%，因此，本书才以 2005 年为分界点，并作出社会偏好变动的假设。

分别为：
$$AC_X = (P_K K_1 + P_L L_1)/X = (\alpha A + \beta B)/A。$$
$$AC_Y = (P_K K_2 + P_L L_2)/Y = (\alpha A + \beta B)/B。$$

（二）2005年以后社会偏好发生变动产生的影响

在假定价格不变和信息完全的情况下，决策者准确地了解到社会偏好发生变化：消费者更加偏好节能型产品和服务。社会偏好发生了变化，决策者必须相应地进行资源配置调整，以实现社会福利的最大化。由于要素价格不变，那么按照要素收入计算的国民收入仍然为 $m$。此时，社会的意愿产品需求函数如式（4-1）所示：

$$X^\phi(P_H, m) = \gamma m/P_H$$
$$Y^\phi(P_H, m) = \lambda m/P_H$$

(4-1)

根据第二节中（6）的假设，可以得出结论式（4-2）：

$$X^\phi(P_H, m) = \gamma m/P_H < \alpha m/P_H$$
$$Y^\phi(P_H, m) = \lambda m/P_H > \beta m/P_H$$

(4-2)

即在新的社会福利函数下，社会对拒绝实施节能改造的供热企业的热商品的意愿需求减少了，而对实施节能改造的供热企业的热商品的意愿需求增加了。决策者根据社会福利最大化确定的资源配置方式为：

$$Max\ (W_0 + \gamma \ln X + \lambda \ln Y)$$
$$x, y$$
$$s.t.\quad X = AK_1^a L_1^b$$
$$\qquad Y = BK_2^c L_2^d$$
$$\qquad K_1 + K_2 = K_0,\ \ L_1 + L_2 = L_0$$

计算的结果如式（4-3）所示：

$$K_1^* = \gamma K_0,\quad L_1^* = \gamma L_0,\quad K_2^* = \lambda K_0,\quad L_2^* = \lambda L_0$$
$$X^* = A\gamma K_0^a L_0^b,\qquad\qquad\qquad Y^* = B\lambda K_0^a L_0^b$$

(4-3)

在新的偏好水平下，拒绝实施节能改造的供热企业和实施节能改造的供热企业的热商品平均成本 $AC_X'$、$AC_Y'$ 分别如式（4-4）、式（4-5）所示：

$$AC_X' = (P_K K_1^* + P_L L_1^*)/X^* = (\alpha A + \beta B)/A$$

(4-4)

$$AC_Y' = (P_K K_2^* + P_L L_2^*)/Y^* = (\alpha A + \beta B)/B$$

(4-5)

此外，通过求解导数还可以得到结论式（4-6）：

$$d_{K_1^*}/d_\gamma > 0,\quad d_{L_1^*}/d_\gamma > 0,\quad d_{K_2^*}/d_\gamma < 0,\quad d_{L_2^*}/d_\gamma < 0$$

(4-6)

### 三、结果分析

(一) 拒绝实施改造和实施节能改造的供热企业的经营情况并未受到资源配置改变的影响

经过计算，2005 年社会偏好发生变动前后，拒绝实施改造和实施节能改造的供热企业的平均收益、平均成本、平均利润分别如式 (4-7)、式 (4-8)、式 (4-9) 所示：

$$AR'_X=AR_X=1, \quad AR'_Y=AR_Y=1 \tag{4-7}$$

$$AC'_X=AC_X=(\alpha A+\beta B)/A, \quad AC'_Y=AC_Y=(\alpha A+\beta B)/B \tag{4-8}$$

$$AP'_X = AP_X = \frac{\beta}{A}(A-B), \quad AP'_Y = AP_Y = \frac{\alpha}{B}(B-A) \tag{4-9}$$

结果表明，虽然 2005 年以后，社会偏好发生了变动，人们开始逐渐由偏好"粗放式、非节能型的供暖、用暖策略"向偏好"集约式、节能型的供暖、用暖策略"转变，决策者也根据新的社会偏好、按照社会福利最大化为原则相应地进行了资源配置调整，但是，由于热价、资本和劳动的价格固定不变，从经济角度看，拒绝实施节能改造的供热企业和实施节能改造的供热企业的经营状况并未因此而受到影响，两类企业在 2005 年前后的平均收益、平均成本、平均利润均未发生变动。

而且，通过研究式 (4-9) 可以发现：供热企业平均利润的正负取决于 $A$、$B$ 两个常数数值的大小。如果 $A>B$，那么拒绝实施节能改造的供热企业仍然盈利，而实施节能改造的供热企业仍然亏损；如果 $A=B$，那么两类企业仍将处于盈亏平衡点上；如果 $A<B$，那么拒绝实施节能改造的供热企业仍然亏损，而实施节能改造的供热企业仍然盈利。此外，如果 $A \geqslant B$，说明与拒绝实施节能改造的供热企业的综合技术水平相比，实施节能改造后的供热企业的综合技术水平并未得到改善，甚至落后了。造成这种现象的原因在于：在新的社会偏好下，旧的价格体系不能反映新的最优商品转换比率和要素相对稀缺程度。

其主要危害是：决策者无法通过资源配置的调整，引导供热企业行为选择的变化。如果拒绝实施节能改造的供热企业在 2005 年以前是盈利的，那么它将无视社会偏好的变动和宏观决策者的决策，继续采取粗放式、非节能型的供暖策略；如果实施节能改造的供热企业在 2005 年以前是亏损的，那么即使它采取了集约式、节能型的供暖策略，其经营状况仍然得不到好转。这将极大助长部分供热企业不实施节能改造的决心，严重挫伤部分供热企业实施节能改造的信心和积极性，延缓既有居住建筑节能改造的推进速度。

（二）热商品供给总量增加，但热商品有效需求不足，造成浪费

经过计算，2005 年社会偏好发生变动前后，热商品供给总量的变化如式（4-10）所示：

$$(X^*+Y^*) - (X+Y) = (\lambda - \beta)(B-A)K_0^a L_0^b \tag{4-10}$$

根据第二节中的基本假设（6），$\lambda > \beta > 0$，可以得知式（4-10）的正负取决于 $A$、$B$ 两个常数数值的大小。在生产要素、热商品价格固定的情况下，可以求得 a=c，b=d，即两类供热企业的生产要素的产量弹性系数相同，供热企业所提供热商品的生产函数表述变为：$X=AK_1^a L_1^b$，$Y=BK_2^a L_2^b$，其中，$a$，$b>0$，$a+b=1$。

根据对式（4-9）的研究，本文假设 $B>A$：当 $B>A$ 时，式（4-10）大于零，此外，再加上实施改造的供热企业新增的供热能力 $Z$，那么，2005 年以后热商品的供给总量比 2005 年以前热商品的供给总量增加了，热商品供给总量等于 $(X^*+Y^*+Z)$。但是，根据要素收入计算的国民收入 $m$ 并未发生变化，相应地，由要素收入形成的国民收入形成的对热商品的总需求并未发生变化，仍然等于 $(X+Y)$。

其主要危害是：如果没有新的热用户的加入，产生新的热商品需求增量，或者，供热企业未能将多余的热商品产能通过技术创新等途径转移到其他新产品的生产中去，那么，将会出现热商品总量供过于求、部分供热企业产能闲置的状况。供热企业实施节能改造的积极性将再度受到重创。

（三）热商品消费结构性失衡，消费者并未对实施节能改造的供热企业的热商品表现出足够的支持

经过计算，2005 年社会偏好发生变动前后，消费者对拒绝实施节能改造和实施节能改造的供热企业的热商品的意愿需求和供热企业热商品的实际供给之间的差额如式（4-11）所示：

$$\begin{aligned} X^\phi(P_{\mathrm{H}}, m) - X^* &= \gamma\beta K_0^a L_0^b(B-A) > 0 \\ Y^\phi(P_{\mathrm{H}}, m) - Y^* &= \lambda\alpha K_0^a L_0^b(A-B) < 0 \end{aligned} \tag{4-11}$$

通过比较式（4-11）和式（4-2）说明虽然在新的社会福利函数下，社会对拒绝实施节能改造的供热企业的热商品的意愿需求减少了，而对实施节能改造的供热企业的热商品的意愿需求增加了，但是，在价格体系固定的情况下，其结果是导致了热商品消费结构性失衡，即：拒绝实施节能改造的供热企业所

提供的热商品供不应求和实施节能改造的供热企业所提供的热商品过剩共存的现象。

其主要危害是：进一步延长拒绝实施节能改造的供热企业的市场生命周期，增加其利益相关者维持旧的价格体系的决心，继而延缓实施节能改造的供热企业的热商品全方位进入市场的时间，造成集约式、节能型供暖、用暖策略的持续缺位。

## 四、对策建议

按照经济学的观点，一般认为：在市场经济体制下，导致经济处于非均衡状态的直接原因是价格刚性或者价格黏性。在北方采暖地区供热市场领域，供热行业具有自然垄断性，热价无法通过市场自由竞争形成，只能通过政府模拟市场机制进行管理，变化迟钝，导致价格体系无法及时地反映最优商品转换比率和要素相对稀缺程度，造成热资源配置失效。因此，要想推动北方采暖地区供热市场正常运行，政府部门必须推动供热体制改革的发展，对热价管理制度实施创新。

（一）公开热价构成，加强政府对热价的监督管理

由于存在严重的信息不对称，政府无法准确掌握供热成本费用的具体数值，而由供热企业测算并提供的成本费用普遍偏高，导致热价制定普遍偏高。其危害是：①居民百姓不得不以较高价格购买热商品，造成社会收入分配扭曲，降低了整个社会的福利水平。②供热企业缺乏降低成本、提高生产效率的积极性，造成生产资源的浪费。

因此，价格主管部门需要建立一套完整的供热价格监管体系，具体包括：①完善供热价格相关的法规建设，形成以《价格法》《制止价格垄断行为规定》《政府制定价格行为规则》《政府制定价格成本监审办法》等为核心的供热行业管理的法律法规体系，使供热价格监管做到有法可依、有章可循。②依据相关规定，主管部门明令供热企业公开上年度热费收缴情况、成本测算情况、原来供热价格、拟定价格、每天供热时间、每天具体供热时段、收费方式等能够反映和说明供热成本构成及价格情况的资料，实现供热价格构成透明化。③建立供热定价成本监审机制，确立供热定价成本应当遵循的原则，确定供热定价成本项目，制定供热定价成本指标定额，各地根据实际平均建筑取暖期耗热量，制定供热燃料费、水费、电费、工资及福利费、折旧费以及生产和管理人员等定额，并

以此作为计算集中供热定价成本的依据，控制供热成本虚报的现象。④加大对供热价格的检查力度，各级价格主管部门和供热行业主管部门对供热单位擅自提价、随意变更用户性质、缩短集中供热采暖时间、降低供热采暖质量标准等变相提高价格的违法行为，要依法进行纠正和查处，对情节严重的，要依法追究当事人的责任。

（二）按照供热形式的不同，选取合理的定价模式

我国北方城镇 供热采暖的形式主要包括三种：一是热电联产企业供热；二是大锅炉集中供热；三是小区锅炉房供热。小区锅炉房供热质量较差，供热方式为间歇运行，不能保证室内温度的均衡性，而且供热设备事故率高，供热安全性、可靠性差；热电联产企业供热和大锅炉集中供热质量好，供热安全性、可靠性强，但供热成本高。借鉴新疆乌鲁木齐市热计量收费试点的经验，建议热电联产企业供热和大锅炉集中供热实行"两部制热价"，如式（4-12）、式（4-13）、式（4-14）表示：

$$容量价格 P_C = 固定成本 \div 供热生产能力 \tag{4-12}$$

$$用量价格 P_m = \frac{可变成本+利润}{实际销售量 \times (1-增值税率)} \tag{4-13}$$

$$
\begin{aligned}
F &= F_C + F_m \\
&= P_C \times A \times Q_L + P_m \times (1+RPI) \times Q_M \times \beta_i
\end{aligned}
\tag{4-14}
$$

在式（4-14）中：$F$ 为供热费用，$F_C$ 为容量费用，$F_m$ 为用量费用，$A$ 为供暖建筑面积，$Q_L$ 为设计热负荷，$Q_M$ 为用户实际用热量，$RPI$ 为主要原料价格浮动指数，$\beta_i$ 为用户 $i$ 的修正系数。

按照计量方式的不同，采取不同的收费方案：①楼栋热量表，第三方根据上一年度总的用热量和热价，每月向用户收取固定费用，一般按面积计价。供暖期结束后，再根据当年实际费用，向用户补收或退还热费。②热量分配表，第三方先根据上一年度的用热量向每个家庭预收热费，并向供热企业支付。采暖期结束后，第三方根据热量分配表计数和热价计算每家的热费，消费量超过平均水平的家庭要补交，而消费较低的家庭获得退还。供热企业根据楼栋热量表的计数与第三方结算。③户用热量表，由供热企业直接向用户收费。

借鉴西安市小区自备锅炉供热定价模式，建议小区锅炉房供热实行"供热价格协商制"，利益相关方通过权力分享、消除误解、弱化争议，然后取得共识，是一种民主化的供热价格决策机制，其具体操作过程如图 4-1 所示。

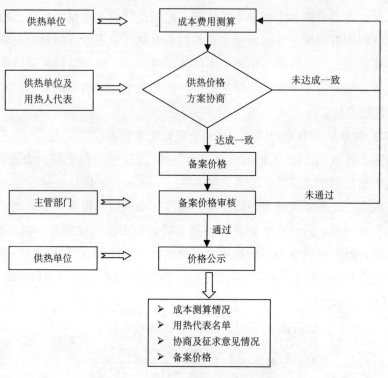

**图 4-1　小区锅炉房供热价格协商机制**

（三）实施经济激励，促进供热价格合理化

河北省供热价格联合调研组发现，河北省供热行业主要有三种运作模式：①产销送一体化模式，热电联产企业供热，通过自建管网销售给用户。②产销送分离化模式，热电联产企业供热，销售给供热公司，供热公司通过分区域建设的管网设施销售到用户。③区域供热模式，区域供热公司负责生产并销售到小区换热站，物业管理企业负责小区内供热设施的建设管理。三种模式如图 4-2 所示。

通过比较可以发现：①模式 1 涉及的中间主体最少，但是，供热企业的垄断地位也最高，供热企业虚报成本费用的可能性最大，供热行业形成有效的市场竞争的难度很大，促进供热价格合理化的难度很高。②模式 2 和模式 3 的主要区别在于供热能力的大小，两种模式涉及的中间主体较多，供热企业的垄断地位相对较低，但是中间主体的增加：一方面会增加中间费用，如管理费、销售费、工资及福利等；另一方面供热企业、供热公司、物业管理企业等照样可以组成产业联盟，以获取更高的垄断利润，促进供热价格合理化的难度甚至会更大。③三种模式下，用户都处于弱势地位，要想进行热消费，必须被动接受供热方提出的供热价格。

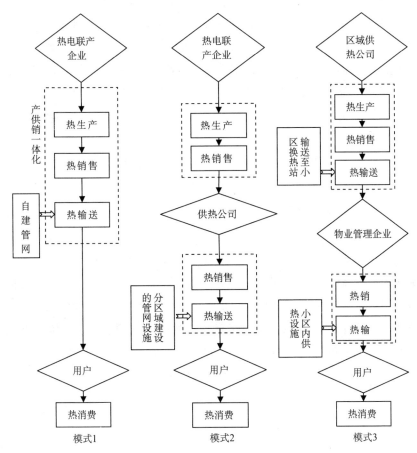

图 4-2 河北省供热行业主要运作模式

因此，要想促进供热价格合理化，必须提高用户的地位，增加其与供热方讨价还价的能力，这要求各级政府：①地方财政和居民用户按照 1:1 的比例出资，实施围护结构改造，如外墙保温、更换节能门窗、屋面保温防湿等，降低建筑物采暖能耗，增加用户居住的室内热舒适度。②中央财政和地方财政出资安装末端用户热计量装置和楼栋入口热计量装置，逐步实现"按用热量收费"，促进居民百姓的行为节能。③公平分配热改补贴，按照采暖的"福利性"，居民用户可分为三类：一是热改前后都能拿到稳定补贴的家庭，如"泛公务员"、国有控股企业员工等；二是热改前享受"福利供热"，热改后将失去"福利供热"的家庭;三是从来没有享受过福利供暖的家庭,如民营资本和三资企业职工、个体经商业者、自由职业者等。显而易见,按照"福利性"分配采暖补贴的做法是具有严重弊端的:一方面造成享受到稳定供暖补贴的家庭节能意识的缺失,导致行为节能无法出现;另一方面困难家庭无法享受到社会福利的惠及,造成低保民众心理不平衡,可能激化社会矛盾。因此,必须遵循"采暖面前,人人平等"的原则,逐步取消采暖补贴,除了向低保群众发放"采暖券"外,取暖费用全部由个人承担,让采暖需求还原其本来面目。④政府作为监管方,必须加大对供热企业的监管力度,避免在采暖需求下降之后,供热企业向百姓强行供热现象的发生。

通过上述措施,用户采暖需求总量下降,在杜绝供热企业强行供热和擅自调价行为后,供热企业和供热公司必将面临利润下降、甚至亏损的危险。为了生存,供热企业必须实施热源改造,提高锅炉效率,降低供热成本,同时,通过技术创新,将多余的热转移到新产品的生产中去;供热公司必须实施管网改造,减少跑冒滴漏,提高供热输送效率。那么,企业供热成本降低了,供热价格自然能够下降到一个合理的水平。但是,热源厂供热系统改造、热网改造需要大量的资金投入,供热企业和供热公司根本无法独立承担巨额的增量成本。因此,建议各级政府采取财政补贴、税收优惠、贷款贴息等经济激励措施,推动供热企业和供热公司实施节能改造。

### (四) 深化供热企业体制改革,建立现代企业制度

我国供热企业所有制状况大致可分为三类:①国有资本独资,如北京市。②股份制,如沈阳市。③国有和股份制各占一定比重,如哈尔滨市。而我国各供热地区大都以国有资本独资所有制模式为主,存在着产权单一、监管缺失、效率低下、人浮于事等种种弊端。因此,需要按照"产权清晰,权责明确,政企分开,管理科学"的原则,深化供热企业改革,建立现代企业制度,对现有供热企业实行拍卖、转让、股份制改造,积极吸引外资、民营资本、其他行业的国有资本和社会资本进入供热领域,加强行业竞争,增强企业活力,推动供热企业向集约化、规模化、智能化方向发展。同时,建立健全北方采暖地区供热行业市场准入和退出制度,保留成本低、服务好的企业,清除成本高、不合格的企业,充分发挥市场机制的作用。

# 第三节 既有居住建筑节能改造的外部性模型

既有居住建筑节能改造领域的外部性模型如图 4-3 所示。

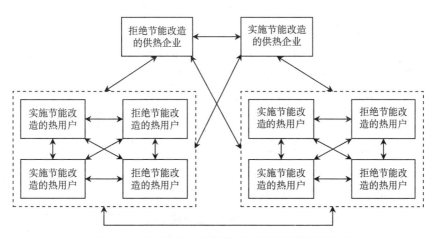

图 4-3 既有居住建筑节能改造外部性逻辑框架图

## 一、基本假设

（1）两种生产要素、一种商品：两种生产要素是资本和劳动，分别用 $K_0$ 和 $L_0$ 表示总量；商品就是消费者消费的热，用 $H$ 表示；$P_H$、$P_K$、$P_L$ 表示热价、资本和劳动的价格，$P_H$、$P_K$、$P_L$ 固定不变，为常数。

（2）所有商品市场和要素市场均为完全竞争市场。

（3）商品的边际效用递减，生产要素的边际产出递减。

（4）热用户既是热商品的需求者，又是生产要素的供给者，以追求个人效用最大化为目标。每个热用户的全部收入都来自要素供给，且将全部收入均用于消费，既没有储蓄，也没有负储蓄。热用户的效用函数、收入函数表述为：

$U=U(Q_i, Q_j)$，$U$ 表示热用户的效用水平，$Q_i$、$Q_j$ 表示热用户对拒绝实施节能改造及实施节能改造的供热企业热商品的需求量，其中，$i=1, \cdots, m$。

$I=P_K \cdot Q_k+P_L \cdot Q_l$，$Q_k$、$Q_l$ 表示热用户对拒绝实施节能改造及实施节能改造的供热企业资本和劳动的供给量。

部分热用户拒绝实施节能改造，继续采取粗放式、非节能型的用暖策略，热消费总量为 $Q_i$；部分热用户实施节能改造，转而采取集约式、节能型用暖策略，热消费总量为 $Q_j$。

（5）供热企业既是生产要素的需求者，又是热商品的供给者，以利润最大化为目标。拒绝实施节能改造的供热企业的热供给总量为 $X$；实施节能改造的供热企业的热供给总量为 $Y$，增量成本用 $\Delta C$ 表示，节能改造最终节约的生产要素总量为 $\Delta K$、$\Delta L$，实施改造的供热企业新增的供热能力用 $Z$ 表示。供热企业热商品的生产函数表述为：

$X=AK_1^a L_1^b$，其中，$A$、$a$、$b$ 代表拒绝实施节能改造的供热企业的综合技术水平及热商品生产过程中资本和劳动的相对重要性，$a$，$b>0$，$a+b=1$；$Y=BK_2^c L_2^d$，$Z=B\Delta K^c \Delta L^d$，其中，$B$、$c$、$d$ 代表实施节能改造的供热企业的综合技术水平及热商品生产过程中资本和劳动的相对重要性，$c$，$d>0$，$c+d=1$。

（6）拒绝实施节能改造供热企业、消费者分别具有生产负外部性、消费负外部性，分别用 $E_X$、$E_i$ 表示；实施节能改造的供热企业、消费者分别具有生产正外部性、消费正外部性，分别用 $E_Y$、$E_j$ 表示。

（7）社会偏好发生变动，对节能改造策略的偏好更大。社会福利函数：$W'=W_0+\gamma \ln X+\lambda \ln(Y+Z)$，其中，$\gamma$、$\lambda$ 表示偏好程度，$\gamma$，$\lambda > 0$，$\gamma+\lambda=1$。由于目前既有居住建筑节能改造仍然处于起步阶段，通过节能改造节约的生产要素 $\Delta K$、$\Delta L$ 数量仍然很低，所以，为了计算方便，本书对 $\Delta K$、$\Delta L$、$Z$ 都忽略不计。

## 二、模型构建与求解

### （一）消费正外部性对资源配置的影响

由于两家供热企业提供的热商品是同质的，所以两种热商品具有完全替代性，某个拒绝实施节能改造的热用户 $i$ 的效用函数是一个定值，如式（4-15）所示：

$$U_i=U_i(Q_i, Q_j)=U^0 \qquad (4-15)$$

在完全替代的情况下，两商品之间的边际替代率恒等于 1，相应的无差异曲线都是一条斜率为 $-1$ 的直线。而此时，拒绝实施改造的热用户 $i$ 的消费预算线的斜率为 $-1$，横截距、纵截距都等于 $\dfrac{P_K \cdot K_1^* + P_L \cdot L_1^*}{P_H}$。根据假设条件，在 $m$ 个热用户中，存在 $r$ 个拒绝实施节能改造的热用户，将 $r$ 个热用户提供的生产要素 $K_{1i}^*$ 和 $L_{1i}^*$ 的数量相加，可求得其总量为 $K_1^*=\gamma K_0$、$L_1^*=\gamma L_0$，供热企业根据 $r$ 个用户提供的生产要素总量能够生产的热商品总量为：$\dfrac{P_K \cdot K_1^* + P_L \cdot L_1^*}{P_H} = \gamma\,(\alpha A + \beta B)\,K_0^a L_0^b$。

由于供热市场属于完全竞争市场，所以由拒绝实施节能改造的热用户决定的需求曲线是一条纵截距为 $P_H$ 的平行于 $Q_i$ 轴的直线 $D$；由于边际要素产出递减，所以由供热企业决定的供给曲线是一条凸向 $Q_i$ 轴的曲线，拒绝实施节能改造的供热企业的热商品供给曲线与拒绝实施节能改造的热用户的需求曲线的交点为 $Q_1$，其中 $Q_1$ 的坐标为 $\left(P_H,\ \gamma(\alpha A + \beta B)K_0^a L_0^b\right)$，如图 4-4 所示。

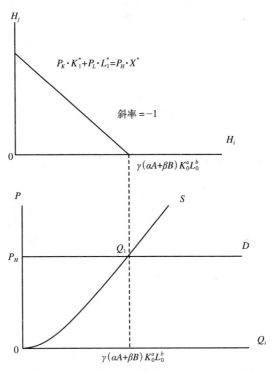

图 4-4　拒绝改造的热用户的消费者均衡

由于部分热用户实施节能改造，采取集约式、节能型用暖策略，能够给拒绝实施节能改造的热用户带来正的外部收益，如图 4-5 中阴影部分所示，所以，在拒绝实施改造的热用户的效用函数不动的情况下，其付出的消费成本将降低，即其消费预算线将向左产生平移，使得热商品市场均衡点由 $Q_1$ 处移至 $Q_2$ 处，$Q_2 < Q_1$，说明消费正外部性导致拒绝实施改造的热用户对热商品的需求远远小于社会正常需求，没有达到帕累托最优效率所要求的热商品需求水平。如图 4-5 所示。

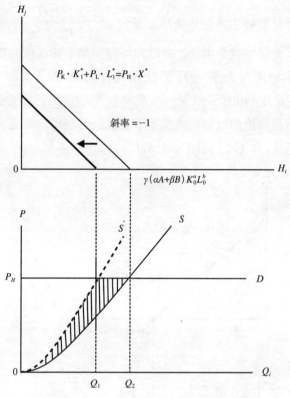

**图 4-5　消费正外部性对热商品需求的影响**

　　部分热用户实施节能改造，采取集约式、节能型用暖策略，同样能够给供热企业带来正的外部收益，如图 4-6 中阴影部分所示，所以，在供热企业利润不变的情况下，其投入的生产成本将降低，即其等成本曲线将向左产生平移，使得热商品市场均衡点由 $Q_1'$ 处移至 $Q_2'$ 处，$Q_1' < Q_2'$，说明消费正外部性导致供热企业对热商品的供给远远小于社会正常供给，没有达到帕累托最优效率所要求的热商品供给水平，如图 4-6 所示。

　　（二）消费负外部性对资源配置的影响

　　在完全替代的情况下，两种热商品之间的边际替代率恒等于 1，相应的无差异曲线都是一条斜率为 −1 的直线。而此时，实施节能改造的热用户的消费预算线的斜率为 −1，横截距、纵截距都等于 $\dfrac{P_K \cdot K_{2j}^* + P_L \cdot L_{2j}^*}{P_H}$。根据假设条件，在 $m$ 个热用户中，存在 $(m-r)$ 个实施节能改造的热用户，将 $(m-r)$ 个热用户提供的生产要素 $K_{2j}^*$ 和 $L_{2j}^*$ 的数量相加，可求得其总量为 $K_2^* = \lambda K_0$、$L_2^* = \lambda L_0$，

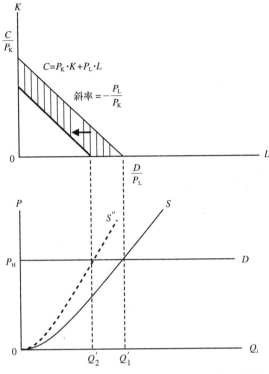

**图 4-6　消费正外部性对热商品供给的影响**

供热企业根据（$m\text{-}r$）个用户提供的生产要素总量能够生产的热商品总量为：$\dfrac{P_{\mathrm{K}} \cdot K_2^* + P_{\mathrm{L}} \cdot L_2^*}{P_{\mathrm{H}}} = \lambda(\alpha A + \beta B)\,K_0^a L_0^b$。由于供热市场属于完全竞争市场，所以由热用户决定的需求曲线是一条纵截距为 $P_{\mathrm{H}}$ 的平行于 $Q_i$ 轴的直线 $D$；由于边际要素产出递减，所以由供热企业决定的供给曲线是一条凸向 $Q_i$ 轴的曲线，实施节能改造的供热企业的热商品供给曲线与实施节能改造的热用户的需求曲线的交点为 $Q_1^*$，其中 $Q_1^*$ 的坐标为（$P_{\mathrm{H}}$，$\lambda(\alpha A + \beta B)\,K_0^a L_0^b$），如图 4-7 所示。

由于部分热用户拒绝实施节能改造，继续采取粗放式、非节能型的用暖策略，能够给实施节能改造的热用户带来负的外部收益，如图 4-8 阴影部分所示，所以，在实施改造的热用户的效用函数不动的情况下，其付出的消费成本将增加，即其消费预算线将向右产生平移，使得热商品市场均衡点由 $Q_1^*$ 处移至 $Q_2^*$ 处，$Q_2^* > Q_1^*$，说明负外部性导致实施改造的热用户对热商品的需求远远大于社会正常需求，实施改造的热用户的热商品消费需求没能得到满足，帕累托最优效率水平没有实现，如图 4-8 所示。

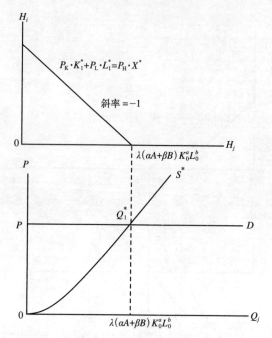

图 4-7  实施改造的热用户的消费者均衡

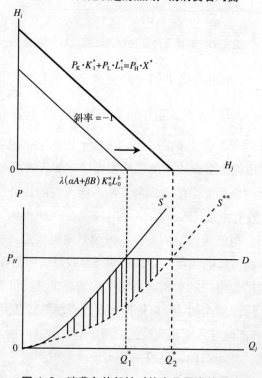

图 4-8  消费负外部性对热商品需求的影响

由于部分热用户拒绝实施节能改造,继续采取粗放式、非节能型的用暖策略,能够给供热企业带来负的外部收益,如图4-9阴影部分所示,所以,在供热企业利润不变的情况下,其投入的生产成本将增加,即其等成本曲线将向右产生平移,使得热商品市场衡点由$Q_1^{**}$处移至$Q_2^{**}$处,$Q_2^{**} < Q_1^{**}$,说明消费负外部性导致供热企业对热商品的供给远远小于社会正常供给,没有达到帕累托最优效率所要求的热商品供给水平,如图4-9所示。

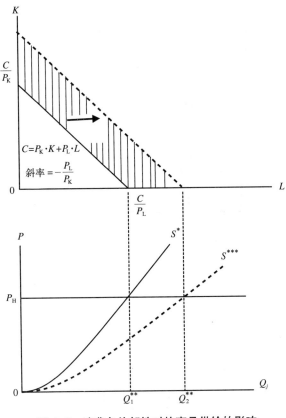

图4-9 消费负外部性对热商品供给的影响

(三)生产正外部性对资源配置的影响

由第三章第二节中式(3-35)可知,在完全竞争条件下,供热企业在各自的技术水平条件下,拒绝实施节能改造的供热企业和实施节能改造的供热企业在生产要素市场所能获取的生产要素数量及生产的热商品数量分别为:

$$K_1 = \frac{\alpha a}{\alpha a + \beta c}K_0, \quad K_2 = \frac{\beta c}{\alpha a + \beta c}K_0, \quad L_1 = \frac{\alpha b}{\alpha b + \beta d}L_0, \quad L_2 = \frac{\beta d}{\alpha b + \beta d}L_0,$$

$$X = \frac{A\alpha a^a b^b K_0{}^a L_0{}^b M^b}{\alpha a + \beta c}, \quad Y = \frac{B\beta c^c d^d K_0{}^c L_0{}^d M^d}{\alpha a + \beta c},$$

在（3-35）式中：$M = (\alpha a + \beta c)/(\alpha b + \beta d)$。

那么，实施节能改造的供热企业最终的生产者均衡如图4-10所示。

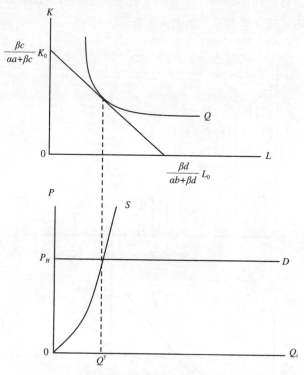

图4-10　实施改造的供热企业的生产者均衡

根据第三章第三节中的基本假设，2005年以后，供热企业将采取两种不同的改造策略：部分供热企业拒绝实施节能改造，继续采取粗放式、非节能型的供暖策略；部分供热企业实施节能改造，转而采取集约式、节能型供暖策略。在完全竞争市场中，生产要素价格不会发生变化，如果不存在其他外部影响因素的情况下，既有居住建筑节能改造领域资源配置结构不会发生变化；但是，由于生产正外部性的存在，实施改造的供热企业能够给拒绝实施节能改造的供热企业带来正的外部收益，如图4-11中阴影部分所示，导致拒绝实施节能改造的供热企业在生产函数不变的情况下，其生产要素投入量变化为 $(K_1 - \Delta K)$、$(L_1 - \Delta L)$，即其等成本曲线将向左平移，热商品市场均衡点将由 $Q^\dagger$ 处移至 $Q^{\dagger\dagger}$

处，$Q^{\dagger}<Q^{\dagger\dagger}$，说明生产正外部性导致拒绝实施改造的供热企业的热商品供给水平远远大于社会正常供给，没有达到帕累托最优效率所要求的热商品供给水平，如图 4-11 所示。

由于部分供热企业实施节能改造，采取集约式、节能型供暖策略，能够给热用户带来正的外部收益，所以，在热用户的效用函数不动的情况下，其付出的消费成本将降低，即其消费预算线将向左产生平移，如图 4-6 中所描述的那样，说明生产正外部性导致热用户对热商品的需求远远小于社会正常需求，没有达到帕累托最优效率所要求的热商品需求水平。

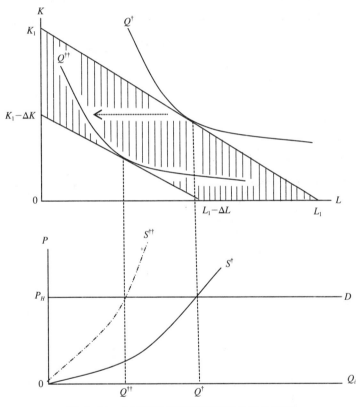

**图 4-11　生产正外部性对热商品供给的影响**

（四）生产负外部性对资源配置的影响

由既有居住建筑节能改造的外部性模型的计算结果可知，拒绝节能改造的供热企业最终的生产者均衡如图 4-12 所示。

根据既有居住建筑节能改造的固定价格模型的基本假设，2005 年以后，部分供热企业拒绝实施节能改造，继续采取粗放式、非节能型的供暖策略，拒绝实施节能改造的供热企业能够给实施节能改造的供热企业带来负的外部收益，如图 4-13 中阴影部分所示，导致实施节能改造的供热企业在生产函数不动的情况下，其生产要素投入量变化为 $(K_2+\Delta K)$、$(L_2+\Delta L)$，即其等成本曲线将向右平移，热商品市场均衡点将由 $Q^{\ddagger}$ 处移至 $Q^{\ddagger\ddagger}$ 处，$Q^{\ddagger}<Q^{\ddagger\ddagger}$，说明生产负外部性导致实施改造的供热企业的热商品供给水平远远小于社会正常供给，没有达到帕累托最优效率所要求的热商品供给水平，如图 4-13 所示。

由于部分供热企业拒绝实施节能改造，继续采取粗放式、非节能型的供暖策略，能够给热用户带来负的外部收益，所以，在热用户的效用函数不动的情况下，其付出的消费成本将增加，即其消费预算线将向右产生平移，如图 4-8 中所描述的那样，说明生产负外部性导致热用户对热商品的需求远远大于社会正常需求，没有达到帕累托最优效率所要求的热商品需求水平。

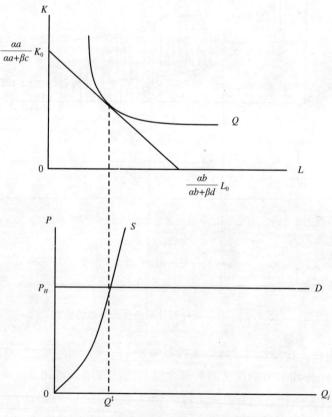

图 4-12　拒绝节能改造的供热企业的生产者均衡

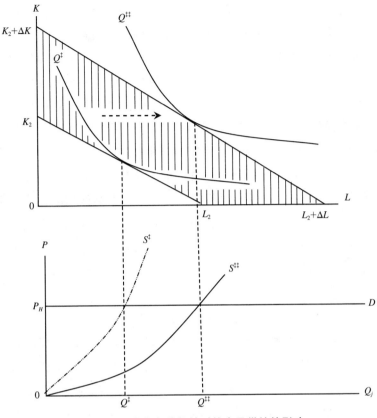

图 4-13　生产负外部性对热商品供给的影响

### 三、结果分析

由既有居住建筑节能改造的外部性模型可知：部分热用户、供热企业实施节能改造，采取集约式、节能型的用暖、供暖策略，分别存在消费正外部性和生产正外部性，将导致拒绝实施改造的热用户对热商品消费需求远远小于社会正常需求，拒绝实施改造的供热企业的热商品供给远远大于社会正常供给，均未达到帕累托最优效率所要求的水平；部分热用户、供热企业拒绝实施节能改造，继续采取粗放式、非节能型的用暖、供暖策略，分别存在消费负外部性和生产负外部性，将导致实施节能改造的热用户对热商品的消费需求没有得到满足，实施节能改造的供热企业对热商品的供给远远小于社会正常水平，均未达到帕累托最优效率所要求的水平。

在完全竞争市场的假设前提下，外部性的存在对既有居住建筑节能改造具有巨大的影响，主要体现在：①消费正外部性导致拒绝实施节能改造的热用户对商品的需求远远小于社会正常需求，拒绝实施节能改造的热用户原本就并不积极的节能改造热情变得更加消极；同时，导致供热企业对热商品的供给远远小于社会正常需求，没有达到帕累托最优效率所要求的热商品供给水平。②消费负外部性导致实施节能改造的热用户对热商品的需求远远大于社会正常需求，但在消费预算线的约束下，实施改造的热用户的热商品消费需求无法得到满足，其实施节能改造的热情会因此而受到打击；同时，消费负外部性导致供热企业对热商品的供给远远小于社会正常供给，没有达到帕累托最优效率所要求的热商品供给水平。③生产正外部性导致拒绝实施节能改造的供热企业的热商品供给水平远远大于社会正常供给，拒绝实施节能改造的供热企业在热商品生产过程中，将会耗费掉更多的能源，产生更多的温室气体，造成更多的环境污染，严重影响到了社会福利最大化的实现；同时，生产正外部性导致热用户对热商品的需求远远小于社会正常需求，没有达到帕累托最优效率所要求的热商品需求水平。④生产负外部性导致实施改造的供热企业的热商品供给水平远远小于社会正常供给，虽然部分供热企业实施节能改造，采取了集约式、节能型供暖策略，但是，生产负外部性的存在导致供热企业节能改造能源节约、温室气体排放、环境保护等目标无法实现，严重影响了社会福利最大化的实现；同时，生产负外部性导致热用户对热商品的需求远远大于社会正常需求，没有达到帕累托最优效率所要求的热商品需求水平。

可见，由于外部性的存在，导致既有居住建筑节能改造相关利益主体很难将节能改造意愿转化为节能改造行为，说明仅仅通过市场来推动既有居住建筑节能改造是不现实的。为了实现社会福利的最大化，达到帕累托最优所要求的水平，政府部门必须采取科学、合理的经济激励方案调动相关主体参与既有居住建筑节能改造的积极性，共同推动既有居住建筑节能改造的发展。

# 第五章　既有居住建筑节能改造经济激励方案

## 第一节　国外典型国家既有居住建筑节能改造经济激励方案借鉴

我国 20 世纪 70 年代中期到 80 年代后期的许多建筑，与前民主德国、苏联、东欧地区建设的大量工业预制板住宅建筑非常相似，其特点是：建筑结构单一，户内布局不合理，楼内外建筑设施严重老化和破损，建筑能耗普遍偏高等。波兰住房大多采用集中供热模式，其中大城市采取以热电联产为热源区域供热模式；小城市采取锅炉房区域集中供热。因此，研究德国、波兰既有住宅建筑节能改造及其经济激励方案对我国既有居住建筑节能改造技术有着十分重要的借鉴意义。

### 一、德国既有居住建筑节能改造经济激励方案借鉴

#### (一) 住宅建筑节能改造背景

1973、1978 年的两次石油危机彻底唤醒了西方国家的能源危机意识，发达国家纷纷思索对策，与能源节约有关的各种政策法规也相应出台。在此背景下，德国联邦政府开始制定、颁布、实施一系列与建筑节能有关的政策法规（图 5-1），并逐步开始实施既有住宅建筑的节能改造。

德国住宅个人私有率很低，如柏林和勃兰登堡州，住宅个人私有率仅约 30% 左右。多数房子属于住宅建设公司，产权单一。居民则主要是通过租房来解决居住问题。大的住宅建设公司多数为政府控股企业，其所管理的房屋实际上是政府交其管理和经营的，如 DEGEWO 住宅建设集团由柏林市政府 100% 控股，管理了 76766 套住宅。

德国既有住宅建筑节能改造的主要对象是多层和高层的板式建筑，主要分

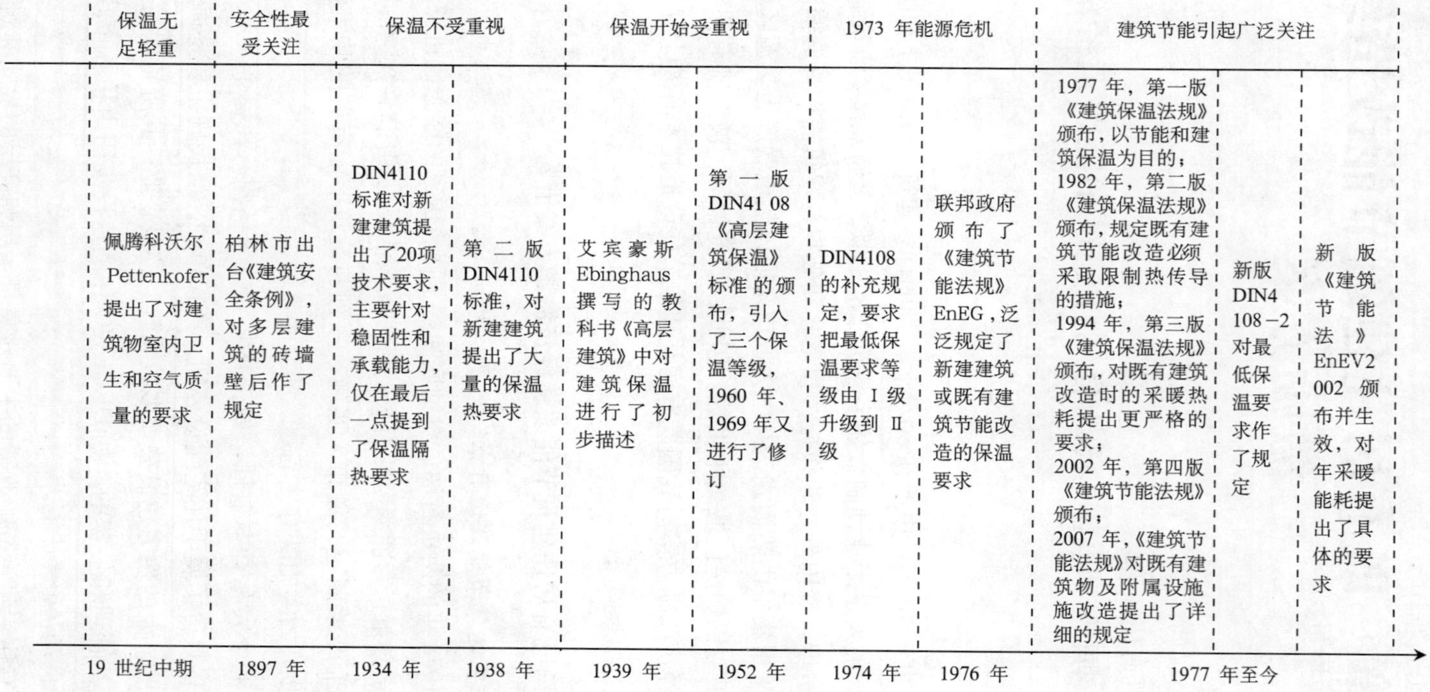

| 保温无足轻重 | 安全性最受关注 | 保温不受重视 | 保温开始受重视 | 1973年能源危机 | 建筑节能引起广泛关注 |
|---|---|---|---|---|---|
| 19世纪中期 | 1897年 | 1934年 | 1938年 1939年 | 1952年 1974年 | 1976年 1977年至今 |

佩腾科沃尔 Pettenkofer 提出了对建筑物室内卫生和空气质量的要求，保温无足轻重的要求

柏林市出台《建筑安全条例》，对多层建筑的砖墙壁后作了规定

DIN4110 标准对新建建筑提出了20项技术要求，主要针对稳固性和承载能力，仅在最后一点提到了保温隔热要求

第二版 DIN4110 标准，对新建建筑提出了大量的保温热要求

艾宾豪斯 Ebinghaus 撰写的教科书《高层建筑》中对建筑保温进行了初步描述

第一版 DIN4108《高层建筑保温》标准的颁布，引入了三个保温等级，1960年又把温等级，1969年进行了修订

DIN4108 的补充规定，要求把最低保温要求由 I 级升级到 II 级

联邦政府颁布了《建筑节能法规》EnEG，泛规定了新建建筑或既有建筑节能改造的保温要求

1977年，第一版《建筑保温法规》颁布，以节能和建筑保温为目的；1982年，第二版《建筑保温法规》颁布，规定既有建筑节能改造必须采取限制热传导的措施；1994年，第三版《建筑保温法规》颁布，对既有建筑改造时的采暖提出更严格的热耗要求；2002年，第四版《建筑节能法规》颁布；2007年，《建筑节能法规》对既有建筑设施及附属设施改造提出了详细的规定

新版 DIN4108-2 对最低保温要求作了规定

新版《建筑节能法》EnEV2002 颁布并生效，对采暖采暖能耗提出了具体的要求

图5-1 德国节能法规大事图

布在原东德地区：据统计，原东德地区 2/3 的住宅为板式建筑，共有 217.2 万套；原西德地区仅有 3.3% 的住宅为板式建筑，约有 50 万套。板式住宅建筑问题较多，普遍存在着室内布局不合理、面积小、舒适度差等缺陷，部分老旧建筑出现了墙体开裂、结露、渗水等问题，严重影响到居民的生活质量。

（二）德国既有住宅建筑节能改造步骤

1. 基本情况调查

在实施既有住宅节能改造前，德国针对 7 种被广泛推广的建筑系列作为调查分析的对象展开调查（图 5-2）其目的为：一是能够科学论证改造的必要性，从成本大小、技术可行性、城市建设规划、国民经济承受能力四个层面比较分析，进而做出科学的决策：选择改造还是重建，并进一步确定改造范围；二是能够合理制定改造的方案，一般而言德国既有住宅建筑改造包括：住宅的室内环境和室内管网改造、节能与节水改造、建筑物（小区）周边环境的改造等三方面内容，翔实可靠的基本资料，有助于人们对改造方案进行合理取舍，选择最优。

2. 政策法规

为了使既有住宅建筑节能改造做到"有法可依、有章可循"，便于管理部门规范既有住宅建筑节能改造所涉及相关主体的行为，德国制定了针对性较强的政策法规，主要包括：一是联邦政府制定的住宅建筑节能技术法规，如DIN4108 等；二是州政府制定的既有住宅改造管理办法，如勃兰登堡州 1991 年就已经出台过《既有住宅改造管理办法》，规定了可以申请住宅改造的区域和住宅类型；三是政府制定的改造后租金方面的法律规定，允许住宅公司或产权单位通过提高租金来逐步收回改造投资，但不能将改造成本全部转嫁给租户。

3. 经济激励方案

德国政府清醒地认识到，要想顺利推动住宅建筑节能改造，必须要采取相应的经济激励方案。德国采取的优惠措施，主要包括：一是优惠贷款，对于符合政府规定的改造项目，政府将给予一定程度的优惠贷款，优惠贷款额度不超过改造总投资的 75%，利率在 1% ～ 3%，10 ～ 15 年内利率保持不变；二是节能专项优惠贷款，如果项目除了基本的室内外改造外，还采取其他一些节能措施，如太阳能和热回收装置，则可以申请节能专项优惠贷款，如在勃兰登堡州，住宅改造优惠贷款的标准为：6 层及以下的住宅 160 €/m²、6 层以上的住宅 490 €/m²、采取太阳能和热回收装置等节能措施的追加 70 €/m²；三是新能源法给予的优惠政策，对建筑物利用太阳能发电并实施并网的，给予 0.65 €/kwh 的上网电价，鼓

| 类型编号 | 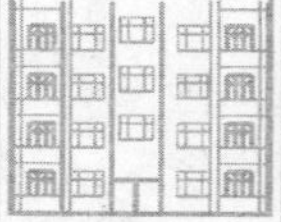 1 |  2 |  3 |  4 |  5 |  6 |  7 |
|---|---|---|---|---|---|---|---|
| 建筑方式 | 砖混结构 | 大板结构，楼层为五至六层，外墙为单层结构，部分山墙为三层结构 | 大板结构，楼层为五至六层，外墙为三层结构 | 大板结构，楼层为五至六层，外墙为改良型保温层，三层结构 | 大板结构，楼层为七到十一层，外墙为单层结构，部分山墙为三层结构 | 大板结构，楼层为七到十一层，外墙为三层结构 | 大板结构，十二层以上的高层建筑，外墙为三层结构 |
| 外墙的k值 平均值/最大值 | 1.54···80L 1.32/1.82G | 1.75···87L 1.82···1.97G | 0.88···0.96 | 0.76···0.83 | 1.75···1.87L 0.89···0.96G | 0.88···0.96 | 0.99···1.05L 0.90···0.97G |
| 窗户的k值 平均值/最大值 | 2.8···3.07 | 3.00···3.36 | 3.20···3.64 | 2.85···3.24 | 3.00···3.36 | 3.20···3.64 | 2.50···2.83 |
| 屋顶的k值 平均值/最大值 | 1.44···1.56 | 0.97···1.29 | 0.84···0.84 | 0.57···0.57 | 1.13···1.26 | 0.84···0.84 | 0.77···0.79 |
| 终端能耗平均值 | 261 kWh/m²a | 224 kWh/m²a | 206 kWh/m²a | 172 kWh/m²a | 183 kWh/m²a | 167 kWh/m²a | 180 kWh/m²a |
| 终端能耗最大值 | 329 kWh/m²a | 261 kWh/m²a | 238 kWh/m²a | 198 kWh/m²a | 210 kWh/m²a | 191 kWh/m²a | 223 kWh/m²a |
| 经济合理的节能潜力 | 56% | 54% | 50% | 38% | 54% | 52% | 58% |
| 技术上可行的节能潜力 | 76% | 71% | 69% | 69% | 72% | 71% | 78% |

图5-2 德国重点调查的7种建筑系列图

励太阳能等清洁可再生能源的利用，当地居民生活用电仅 0.08 ～ 0.10 €/kW·h。

4. 节能改造程序

德国住宅建筑节能改造涉及的相关主体包括：政府、投资银行、咨询公司、住宅公司等，他们在节能改造中的相互关系以及发挥的作用如图 5-3 所示。

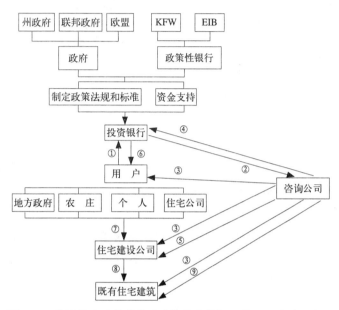

**图 5-3 德国住宅建筑节能改造相关主体相互关系及改造程序图**

在图 5-3 中：①是用户向投资银行提出贷款申请；②是投资银行委托咨询公司对项目进行综合评估；③是咨询公司对用户、住宅建设公司、既有住宅建筑实施项目评估；④咨询公司为投资银行提供贷款额度建议；⑤咨询公司为住宅建设公司提供改造方案和建议；⑥投资银行为用户提供贷款；⑦用户投资住宅建筑改造；⑧住宅建设公司实施既有住宅建筑改造；⑨咨询公司进行改造后评价。

需要指出的是：投资银行向用户的贷款额度由负责基础设施贷款的评估公司进行评估，使用此种优惠贷款的额度不超过改造成本总额的 70%，剩余部分通过市场自筹。

(三) 德国既有住宅建筑节能改造效果

德国的既有住宅节能改造取得了比较理想的效果，原东德地区大部分板式建筑得到了改造。既有住宅经过现代化改造后，能耗指标降低明显，建筑物外观和室外环境都得到明显提高，减排 $CO_2$ 方面也成效显著：采暖能耗由 119 kWh/$m^2 \cdot a$ 最多减少到 43kWh/（$m^2 \cdot a$），排放由 46kg/$m^2 \cdot$年最多减少到 21kg/（$m^2 \cdot a$）。

住宅公司方面，改造后租金可以增加 1.0～1.5 €/（$m^2 \cdot$月），而且出租率提高，因此一般情况下，改造投资可以在 10～15 年得到回收。如果再辅助以太阳能光伏电池发电，由于上网电价较高，那么大约 8 年就可以收回投资。

住户方面，虽然改造后租金增加，但是运行费用（水、电、气、采暖等）可以节约 20%～30%，总体上住户的使用成本（房租和运行费用）仅增加 15% 左右，但是居住质量显著提高。

## 二、波兰既有居住建筑节能改造经济激励方案借鉴

### （一）波兰既有居住建筑节能改造背景

波兰的供热特点明显，具体为：①城市住房大约有 76.6% 的比例采用集中供热，其中大城市采取的是以热电联产为热源的区域供热，供热厂一般建在热用户密集区，以低消耗高效率向用户保证供热。②小城市采取的是锅炉房区域集中供热。③农村住房仅仅有 4.7% 的比例采用集中供热。④波兰的住宅采暖以双管系统为主，只有少部分采用俄罗斯式单管系统。

据统计，波兰共有住房约 1140 万套，其中城市住房 760 万套，农村住房 380 万套。波兰大约有 90% 的老住房属于混凝土砌块建筑，保温不良，渗漏严重，热损失严重，供暖及生活热水单位面积能耗为发达国家的两倍左右，节能工作远远落后于西方发达国家。

波兰的供热采暖实行的是按建筑面积收费的制度。在能源价格比较低的年代，采暖收费相应较少，差额部分由国家财政进行补贴；随着能源价格的上涨以及波兰市场经济制度的完善，波兰政府明确提出实施既有居住建筑节能改造及建筑采暖计量收费改革。

### （二）波兰既有居住建筑节能改造步骤

在对既有居住建筑实施节能改造的过程中，波兰政府发现：既有居住建筑节能改造是一项系统，各个改造环节之间互为补充、密不可分。比如，在对围护结构实施节能改造时，如果不相应地采取采暖计量收费的政策，节能效果十分不理想；据某住房合作社负责人介绍，华沙市曾经有过"围护结构保温、室内供暖系统不动"的改造案例，虽然围护结构保温效果非常理想，但由于仍然采用按建筑面积收费的方式，导致住户开窗散热，节能目标未能实现。

1. 节能改造内容

为了实现既有居住建筑节能改造的目标，波兰政府意识到：必须在综合考虑既有居住建筑建筑结构、采暖形式等特点的基础上，实现政府对住户采暖计量收费、住户对室内采暖温度能够动态调节。因此，波兰政府制定了既有居住建筑的综合节能改造方案，具体包括：①热源改造，具体措施包括两部分：一是对集中供热热源进行设备更新，采用高效锅炉、现代化控制设备并更换换热器；二是对分散锅炉房实施技术升级，使其与集中供热管网相连接，并从将燃煤锅炉更换为燃气锅炉。②热网改造，具体措施包括：安装高效保温管道、水力平衡设备及温度补偿器等。③室内供热系统改造，具体措施包括：散热器安装温控阀、安设家用热水表、室内供暖系统安装热计量装置等。此外，波兰既有居住建筑节能改造的内容还包括换热站改造、建筑物围护结构改造等，如图5-4所示。

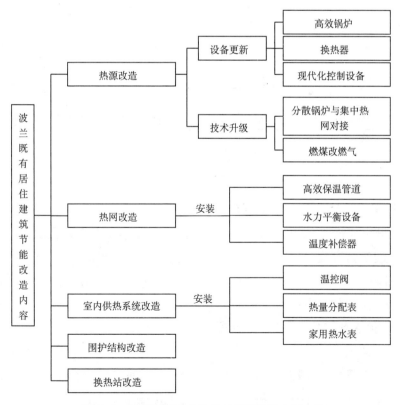

图5-4　波兰既有居住建筑节能改造的主要内容

## 2. 节能改造流程

波兰既有居住建筑节能改造涉及的相关利益主体主要包括：政府、热力公司、住房合作社、房产主、银行等，不同的主体在节能改造中发挥的作用及其相互关系如图5-5所示。

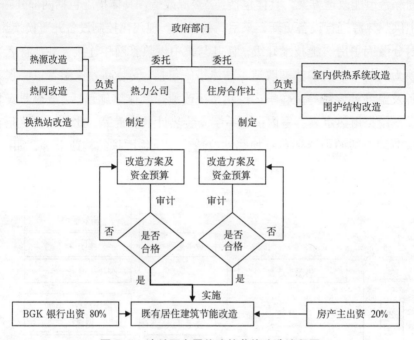

**图5-5　波兰既有居住建筑节能改造流程图**

## 3. 节能改造效果

通过实施既有居住建筑综合节能改造方案，波兰热计量收费改革效果明显。据统计：城市建筑物安装热量表的比例已超过40%；用户安装恒温阀的比例已超过15%；建筑物安装热量分配表的比例已超过13%。相应地，大约有60%已安装了户用热表及热分配表的住户的采暖收费模式已经由过去的热力公司按建筑面积收费改为由住房合作社的按热计量收费。

### （三）波兰既有居住建筑节能改造激励措施

#### 1. 财政补贴

为了推动既有居住建筑节能改造工作的顺利开展，波兰政府采取了"谁改造，谁受益"，如果实施节能改造，相关利益主体就能够获得高额度的财政补贴；否则，就得不到任何补贴。波兰政府采取的财政补贴措施，具体包括：①安装热量表，可获得的补贴为购买热量表所需费用的 50%。②安装家用热水表，可获得的补贴为购买热水表所需费用的 50%，后修改为补贴 10%。③换热站改造、散热器加装恒温阀，如果使用的是本国产品，可以获得 50% 的补贴；如果使用的进口产品，则可获得 30% 的补贴，剩余部分由住房合作社提供资金。

2. 金融配套措施到位

波兰法律规定："关于建筑热工和供热系统现代化的投资，回收期不得超过 7 年"，其改造方案及计划、预算通过审计后，节能改造费用中的 20% 由房产主支付，其余 80% 由管理国家建筑基金的 BGK 银行贷款。改造完成后的项目，在 7 年的回收期内，房产主只要偿付贷款（及利息）的 75%，其余 25% 由 BGK 银行从国家建筑基金中支付。

3. 改造分工清晰

热源、热网以及换热站的改造由热力公司负责；建筑物及室内供暖系统的改造则由住房合作社负责。

### 三、国外既有居住建筑节能改造经济激励方案启示

除德国、波兰外，很多国家都对既有居住建筑节能改造实施了经济激励，而且激励方式多种多样。比如，美国对进行了保温和窗户的改造，且节能达到 20% 以上的既有建筑，实施每套 2000 美元的税收减免。从 1991 年开始，英国政府实施了支持低收入家庭、残疾和老年人家庭的家庭节能项目，陆续对房屋通风、楼顶隔热、空墙隔热、暖气控制等方面的节能改造给予财政补贴，1997 ～ 1998 年投入的项目经费为 7500 万英镑，40 万个家庭受益；1999 年总投资达到 4 亿英镑，225 万个家庭受益；1999 ～ 2000 年英国政府通过"资本收入投资鼓励计划"，向地方政府提供 8 亿英镑用于旧房改造。1992 年，丹麦政府对既有供热网修复提供 30% ～ 60% 的补贴。总结世界各国既有居住建筑节能改造经济激励方案的措施及其特点，主要包括：①既有建筑节能改造经济激励是国家能源战略的重要组成部分；②科学论证改造方案之后，才确定是否实施经济激励；③改造分工清晰，"谁改造，谁受益"，激励对象明确；④激励方案简单易行，对于采取更高标准节能改造水平的用户，可享受更多的优惠措施；⑤金融配套措施到位，确保融资渠道畅通；⑥政策法规针对性强，加强对经济激励资金、改造主体、激励对象的监管。

# 第二节　既有居住建筑节能改造经济激励机制设计

## 一、既有居住建筑节能改造经济激励机制的概念及内容

激励的中文意思主要是激励、鼓励等,《现代汉语词典》将"激励"解释为"激发奖励",《辞海》将"激励"解释为:①激动、鼓励,使振奋;②激发人的动机的心理过程;③将一定能量加到一个物理系统或相互联系和相互作用的某些物理元件上,以使其他物理元件能实现某种特定功能的措施。从心理学观点来看,激励是指一种激发人的动机、诱导人的行为,是一种使人通过努力,发挥内在潜力,实现所追求的目标的过程,其中:动机是指引起人的行为,维持该行为,并使行为导向某一目标的心理过程。从管理学的角度,激励是领导和管理的一种职能,是领导者运用各种手段,调动和发挥人的积极性努力实现组织既定目标的过程。Berelson 和 Steiner 认为:"一切内心要争取的条件、希望、愿望、动力等都构成了对人的激励,是人类活动的一种内心状态";Zedeck 和 Blood 认为:"激励是朝某一特定目标行动的倾向";Atchinson 认为:"激励是对方向、活力和行为持久性的直接影响"。

经济激励机制,是指领导者运用各种经济手段,激发、鼓励相关利益主体的积极性和创造性的体制和制度。

经济激励机制的内容主要包括:激励主体、激励目标、激励对象、激励方式等方面。

## 二、既有居住建筑节能改造经济激励主体

既有居住建筑节能改造节能潜力和环境效益十分巨大,而且能够极大地提高居民的居住质量、降低居住成本。所以,无论从"能源节约""环境保护",还是"惠及民生"等多个方面来看,既有居住建筑节能改造都应该成为公众普遍认可、积极参与的工程。但是,根据第四章第二节的研究结论:在供热体制改革执行力度不够的情况,尤其是热费仍按面积收费的情况下,无论是供热企业,还是热用户都对既有居住建筑节能改造毫不关心;根据第四章第三节的研究结论,由于外部性的存在,导致既有居住建筑节能改造相关利益主体很难将节能

改造意愿转化为节能改造行为。这充分说明：现阶段，在既有居住建筑节能改造领域，市场经济制度无法有效配置资源。

在此背景下，为了推动既有居住建筑节能改造和供热体制改革的顺利开展，尤其是在社会公众对既有居住建筑节能改造积极性不够高涨的情况下，政府部门应该运用各种经济手段，激发、鼓励相关利益主体参与节能改造的积极性，承担起既有居住建筑节能改造经济激励主体的责任。此外，在建筑节能与地方政府政绩相挂钩之后，各级政府部门不仅是既有居住建筑节能改造经济激励主体，也是既有居住建筑节能改造经济激励绩效评价的客体。

### 三、既有居住建筑节能改造经济激励目标

第三章从 Walras 均衡理论和帕累托最优均衡理论两个不同的角度，对既有居住建筑节能改造资源配置问题的研究结果表明：在理想状态下，市场经济制度是解决既有居住建筑资源配置和资源利用的最优手段。所以，既有居住建筑节能改造经济激励的长远目标（或者奋斗目标）无疑是"建立既有居住节能改造市场"。

第四章从非均衡经济学理论和外部性理论两个不同的角度，对既有居住建筑节能改造领域的研究结果表明：①政府部门必须加大热体制改革的力度，对供热价格管理制度实施创新；②政府部门必须制定科学、合理的经济激励方案，调动相关主体参与既有居住建筑节能改造的积极性，共同推动既有居住建筑节能改造的发展。

因此，既有居住建筑节能改造经济激励的总体目标：①调动地方政府、供热企业、热用户、节能服务公司、产权单位等主体参与既有居住建筑节能改造的积极性；②培育既有居住建筑节能改造服务市场，建立推动既有居住建筑节能改造顺利发展的长效机制。

### 四、既有居住建筑节能改造经济激励对象

从数量上来讲，凡是参与既有居住建筑节能改造的相关利益主体（激励主体除外），如图 5-1 所示，都应该成为既有居住建筑节能改造的经济激励对象；从参与程度上讲，供热企业和热用户无疑是既有居住建筑节能改造最应该被激励的对象；但是，不同的激励对象，激励效果是不同的，因此，为了实现激励目标，需要根据不同地区的实际情况优选激励对象，不能搞一刀切。

　　以包头口岸花苑小区 5 号楼和口岸小区热力站和阿东热源厂局部改造示范项目为例，其改造技术改造的成本及效益如表 5-1 所示。

　　从经济效益的角度出发，阿东热源厂实施节能改造经济效益最为理想，投资回收期仅为 1.1 年，但初始投资太高，供热企业可能很难独自承担改造的增量成本；热用户实施围护结构和室内供热系统改造的经济效益最差，投资回收期长达 36.6 年，而且初始投资也非常高。所以，从经济效益的角度讲，供热企业理应成为考虑的经济激励对象；但从惠及民生的角度讲，实施建筑物围护结构改造、提高居民居住热舒适度，关系到困难群众的基本权益和和谐社会的建设，热用户也必须成为经济激励的对象。

**包头市口岸花苑小区既有居住建筑节能改造项目**　　　　　　表 5-1

| 改造类型 | 改造内容 | 总投资（万元） | 经济效益（万元 / 年） | 投资回收期（年） |
|---|---|---|---|---|
| 5 号楼围护结构和室内供热系统改造 | 外墙加装外保温层 | 89.25 | 2.44 | 36.6 |
| | 楼顶加装外保温层 | | | |
| | 楼门更换为保温门 | | | |
| | 室内供热系统改造 | | | |
| 口岸小区热计量改造 | 安装温控阀 | 94 | 11.28 | 8.3 |
| | 安装热计量表 | | | |
| 口岸小区热网改造 | 二次管网平衡调节改造 | 40 | 10.20 | 3.9 |
| 阿东热源厂供热系统节能改造 | 供热系统量化管理 | 337.6 | 321 | 1.1 |
| | 小区换热站循环水泵安装变频装置 | | | |
| | 更换循环水泵改造并加装变频装置 | | | |

　　从经济激励主体的角度讲，如何解决节能改造资金匮乏、融资渠道狭窄、融资渠道单一（表 5-2）是既有居住建筑节能改造顺利开展的难点和切入点。"十一五"期间，北方采暖地区需实现既有居住建筑节能改造面积 1.5 亿 $m^2$，而既有居住建筑节能改造的单位面积增量成本约为 250 ~ 350 元 /$m^2$，大约需要 375 亿 ~ 525 亿元；但是相关主体的投资意愿并不高，2005 年建设部组织的《建筑节能调查问卷》结果显示，愿意承担 10% 以下改造成本的居民占整个被调查对象的比例高达 74%，而愿意承担超过 20% 改造资本的比例仅有 6%（图 5-6）。

各地既有建筑节能改造出资方式汇总表　　　　　表5-2

| | 地方政府补贴 | 国外捐赠 | 供热企业 | 居民 | 开发商 | 加层收入 | 拆除后新建滚动收入 | 合同能源管理 |
|---|---|---|---|---|---|---|---|---|
| 唐山 | ✓ | | ✓ | ✓ | | | | |
| 包头 | ✓ | ✓ | ✓ | ✓ | | | | |
| 天津 | ✓ | | ✓ | | | | | |
| 哈尔滨 | ✓ | ✓ | | | | ✓ | | |
| 青岛 | | | | | | | | ✓ |

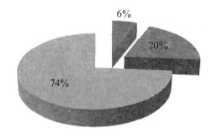

6%

20%

74%

■ 愿意承担超过20%的改造成本

■ 愿意承担10%～20%的改造成本

■ 愿意承担10%以下的改造成本

图5-6　建筑节能改造投资意愿

在既有居住建筑节能改造市场启动阶段，相关主体投资意愿低，政府部门应该以"政府主导，多方参与"的方式，设置"既有居住建筑节能改造专项资金"，选取既有居住建筑节能改造参与程度最高的供热企业和热用户作为主要经济激励对象。

当相关主体参与既有居住建筑节能改造的积极性变得高涨，部分投机性资金试图进入既有居住建筑节能改造市场的各个细节和部门时，既有居住建筑节能改造市场就到了成长阶段。在成长阶段，政府部门一方面应该设置"既有居住建筑节能改造专项研究基金"和"低收入家庭补贴资金"，帮助供热企业提升综合技术水平，确保低收入家庭能够正常实施围护结构和室内供热系统改造。同时，政府部门需要采取税收优惠等激励措施，拓宽融资渠道、创新融资方式、提高相关主体的投资积极性，形成股权融资、债券融资、项目融资、商业性贷款、内源融资等市场化投融资模式百花齐放的局面。

当每个细分市场的需求都已满足，而竞争者开始蚕食彼此的市场份额时，既有居住建筑节能改造市场就进入了成熟阶段。在此阶段市场成为既有居住建筑节能资源配置的唯一方式，政府部门需要做的重点是促进既有居住建筑节能改造管理理念创新、加强对既有居住建筑节能改造的监管。所以，在既有居住建筑节能改造市场成熟阶段，既有居住建筑节能改造经济激励的主要对象应为规划设计单位、材料设备供应商、施工单位、监理单位、物业管理单位等既有居住建筑节能改造辅助单位。通过既有居住建筑节能改造辅助单位的反馈，制定更加详尽、严格的既有居住建筑节能改造技术标准，形成全面、完善的既有居住建筑节能改造监管制度。

### 五、既有居住建筑节能改造经济激励方式

现阶段，政府部门是既有居住建筑节能改造的激励主体，供热企业和热用户是既有居住建筑节能改造的主要激励对象。所以，要想确立既有居住建筑节能改造经济激励的方式，必须对他们彼此之间的关系进行研究。

（一）政府部门和供热企业的动态博弈模型

1. 模型的构建

政府部门和供热企业间的博弈符合完全信息动态博弈模型，如图 5-7 所示。

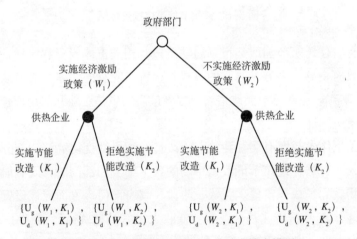

图 5-7　中央政府和供热企业的动态博弈模型

2. 模型的战略式表述

①参与人：分别为政府部门和供热企业。

②参与人的行动顺序：政府部门先行动，供热企业观察到政府部门的决策之后再行动。

③参与人的行动空间：政府部门选择是否对供热企业实施经济激励，用 $W$ 表示，$W=\{W_1, W_2\}=\{$ 实施，不实施 $\}$；供热企业选择是否实施节能改造，用 $K$

表示，$K=\{K_1, K_2\}=\{$改造，不改造$\}$。

④参与人的战略空间：政府部门只有一个信息集，两个可供选择的行动，其战略空间为：$S_g=\{W_1, W_2\}$；供热企业有两个信息集，每个信息集上有两个可供选择的行动，因而共有四个纯战略，其战略空间为：$S_d=\{(K_1, K_1), (K_1, K_2), (K_2, K_1), (K_2, K_2)\}$。

⑤政府部门的激励成本和激励产出：政府部门付给供热企业的经济激励政策额度（激励成本）用 $r$ 表示，政府部门实施经济激励的产出用 $\pi$ 表示，$r$ 和 $\pi$ 由政府部门和供热企业的行动策略共同决定，即 $r=r(W_i, K_i)$，$\pi=\pi(W_i, K_i)$，其中 $i=1, 2$。

⑥供热企业的改造成本：供热企业实施改造的增量成本为 $C$，$C$ 由供热企业采取的既有居住建筑节能改造策略决定，即 $C=C(K_i)$，其中 $i=1, 2$。

⑦参与人的支付函数：政府部门的效用函数用 $U_g$ 表示，供热企业的效用函数用 $U_d$ 表示，$U_g$ 和 $U_d$ 由政府部门实施的激励方案和其他主体采取的改造策略共同决定，即 $U_g=U_g(W_i, K_i)$，$U_d=U_d(W_i, K_i)$，其中 $i=1, 2$。

⑧信息对称：政府部门和供热企业之间传递的是对称信息，双方都完全了解对方在各种选择下获得的收益。

⑨激励相容约束：政府部门实施的经济激励方案，只有使得激励对象进行节能改造得到的净收益大于偷懒得到的净收益，经济激励方案才能发挥作用，才能调动其他主体的积极性，激励方案必须满足"激励相容约束"，即满足：$r(W_1, K_1) - c(K_1) \geqslant r(W_1, K_2) - c(K_2)$。

3. 模型求解

可运用逆向归纳法求解子博弈精炼纳什均衡，具体过程为：

①当 $\pi(W_1, K_1) \geqslant r(W_1, K_1)$ 时，即政府部门的激励产出大于等于其激励成本时：

供热企业的最优选择：

针对 $W_1$：$\max\{U_d\}=\max\{U_d(W_1, K_1), U_d(W_1, K_2)\}$，

$\because U_d(W_1, K_1)=r(W_1, K_1) - C(K_1)$，$U_d(W_1, K_2)=r(W_1, K_2) - C(K_2)$，

根据第五章第二节中"模型的战略式表述"的假设条件⑨可知：$U_d(W_1, K_1) \geqslant U_d(W_1, K_2)$

$\therefore$ 得到最优解：$K^*(W_1)=K_1$，即供热企业的最优选择是实施节能改造。

针对 $W_2$：$\max\{U_d\}=\max\{U_d(W_2, K_1), U_d(W_2, K_2)\}$，

∵ $U_d$ ($W_2$, $K_1$) = −$C$ ($K_1$), $U_d$ ($W_2$, $K_2$) = −$C$ ($K_2$),

根据第二节中的假设条件③可知,

$K_1$ 表示实施节能改造,$K_2$ 表示不实施节能改造,

∴ $C$ ($K_1$) >0, $C$ ($K_2$) =0,

∴ $U_d$ ($W_2$, $K_1$) <$U_d$ ($W_2$, $K_2$)

∴得到最优解:$K^*$ ($W_2$) = $K_2$,即供热企业的最优选择是不实施节能改造。

政府部门的最优选择:

max{$U_g$}=max{$U_g$ ($W_1$, $K_1$), $U_g$ ($W_2$, $K_2$) },

∵ $U_g$ ($W_1$, $K_1$) =π ($W_1$, $K_1$) −$r$ ($W_1$, $K_1$) ≥ 0,

$U_g$ ($W_2$, $K_2$) = π ($W_2$, $K_2$) −$r$ ($W_2$, $K_2$) =0

∴ $U_g$ ($W_1$, $K_1$) ≥ $U_g$ ($W_2$, $K_2$),得到最优解 $W^*$ ($W_1$, $W_2$) = $W_1$,即政府部门的最优选择是实施经济激励。

由此得到的精炼均衡是 { 实施,(改造,不改造)}。

②当 π ($W_1$, $K_1$) <$r$ ($W_1$, $K_1$) 时,即政府部门的激励产出小于其激励成本时:

供热企业的最优选择:

针对 $W_1$: max{$U_d$}=max{$U_d$ ($W_1$, $K_1$), $U_d$ ($W_1$, $K_2$) },

∵ $U_d$ ($W_1$, $K_1$) =$r$ ($W_1$, $K_1$) −$C$ ($K_1$), $U_d$ ($W_1$, $K_2$) =$r$ ($W_1$, $K_2$) −$C$ ($K_2$),

根据第二节中"模型的战略式表述"的假设条件⑨可知:$U_d$ ($W_1$, $K_1$) ≥ $U_d$ ($W_1$, $K_2$)

∴得到最优解:$K^*$ ($W_1$) = $K_1$,即供热企业的最优选择是实施节能改造。

针对 $W_2$: max{$U_d$}=max{$U_d$ ($W_2$, $K_1$), $U_d$ ($W_2$, $K_2$) },

∵ $U_d$ ($W_2$, $K_1$) = −$C$ ($K_1$), $U_d$ ($W_2$, $K_2$) = −$C$ ($K_2$),

根据第二节中的假设条件③可知,

$K_1$ 表示实施节能改造,$K_2$ 表示不实施节能改造,

∴ $C$ ($K_1$) >0, $C$ ($K_2$) =0,

∴ $U_d$ ($W_2$, $K_1$) <$U_d$ ($W_2$, $K_2$)

∴得到最优解:$K^*$ ($W_2$) = $K_2$,即供热企业的最优选择是不实施节能改造。

政府部门的最优选择:

max{$U_g$}=max{$U_g$ ($W_1$, $K_1$), $U_g$ ($W_2$, $K_2$) },

∵ $U_g$ ($W_1$, $K_1$) =π ($W_1$, $K_1$) −$r$ ($W_2$, $K_2$) <0,

$U_g$ ($W_2$, $K_2$) = π ($W_2$, $K_2$) −$r$ ($W_2$, $K_2$) =0

∴ $U_g(W_1, K_1) < U_g(W_2, K_2)$，得到最优解 $W^*(W_1, W_2) = W_2$，即政府部门的最优选择是不实施经济激励。

由此得到的精炼均衡是 { 不实施，（改造，不改造）}。

4. 结果分析

通过对政府部门和供热企业之间动态博弈模型的求解结果分析，可知：①经济激励效果是政府部门是否实施经济激励方案的关键影响因素，如果激励效果明显，不管供热企业采取何种改造策略，政府部门都将义无反顾地实施既有居住建筑节能改造经济激励方案。②如果激励产出小于激励成本，即经济激励政策设置不当、未能调动激励对象改造的积极性，或者激励程度超出了政府部门的承受能力，政府部门将不实施经济激励政策。③经济效益是供热企业是否实施节能改造的关键影响因素，只有当政府部门实施既有居住建筑节能改造，且激励方案满足"激励相容约束"时，供热企业才实施节能改造；否则，即使政府部门实施了经济激励，供热企业也不会实施节能改造。

因此，为了推动既有居住建筑节能改造的顺利开展，提高供热企业实施节能改造的积极性，政府部门在对供热企业实施经济激励政策的同时，也需要采取部分强制措施，明确地方政府、供热企业、节能服务公司、主业等的相关责任，强制性推动既有居住建筑节能改造，以实现整个社会利益的最大化。所以，"胡萝卜加大棒"式经济激励政策是当前较为合理的经济激励机制。

（二）热用户的经济行为分析

在既有居住建筑节能改造中，热用户的目标是追求个人效用最大化，是既有居住建筑节能改造的重要组成部分，也是关系到既有居住建筑节能改造能否顺利推行的重要影响因素。这其中对既有居住建筑节能改造影响最大的因素包括：热用户对改造的态度、热用户的储蓄行为、热用户的从众行为等[7]。

1. 热用户的态度对节能改造的影响

态度是对待任何人、观念或事物的一种心理倾向，即热用户对既有居住建筑节能改造的感受、情感和意向，是热用户对既有居住建筑节能改造所有内容的认知和评价的综合。

热用户对某项具体改造内容（比如，窗户改造）的认可程度越高，且该项具体改造对热用户室内热舒适度程度的贡献越大，那么该热用户对该项具体改造内容的关注程度越高，其出资意愿、改造积极性就越高。因此，如何提高热用户对既有居住建筑节能改造内容的认知程度、如何统一热用户对既有居住建筑节能改造重要性的认识，对既有居住建筑节能改造的顺利实施具有一定程度的影响。

2. 热用户的储蓄行为对节能改造的影响

储蓄是一种待实现的消费，是货币收入中扣除消费后的剩余部分。收入与储蓄量之间缺乏绝对的正相关关系，除了收入之外还有两个重要的心理因素对储蓄行为影响巨大：一是储蓄动机，研究发现，低收入者比高收入者具有更强烈的储蓄动机，属于"坚定的储蓄者"，储蓄行为的稳定性程度较高。因此，利率调整对高收入者选择储蓄还是投资影响明显，而对低收入者影响较小。二是对社会经济状况的理解及期望，经济萧条时期人们的储蓄动机多高于经济繁荣时期，因为萧条的经济具有紧迫感和威胁性，往往带来普遍的恐慌，人们感到前途未卜，迫切需要有一个能够帮助自己抵御风险、渡过难关的经济缓冲器——大笔储蓄资金。

因此，如果热用户储蓄动机不强或者对社会经济状况比较有信心，那么就会主动配合既有居住建筑节能改造与之相关的各种工作，使其顺利完成；反之，则会产生巨大的阻力，严重影响既有居住建筑节能改造的进展。

3. 热用户的从众行为对节能改造的影响

从众行为是指个体在社会群体压力下，放弃自己的态度，采取与大多数人一致的行为，是人类生活中的普遍现象。研究发现，引发从众行为的主要原因包括：一是与大家保持一致以实现团体目标；二是为取得团体中其他成员的好感；三是维持良好人际关系的现状；四是不愿意感受到与众不同的压力。实践证明，热用户的从众行为在既有居住建筑节能改造领域也是存在的。

4. 结果分析

通过对热用户经济行为的分析，得出结论：①宣传教育是提高热用户参与既有居住建筑节能改造积极性的重要手段之一，尤其是对于个人可支配收入处于中等偏上的热用户，通过基层居委会、小区业主委员会等宣传既有居住建筑节能改造的重要性和必要性，能够从较大程度上，提高其参与既有居住建筑节能改造的积极性。比如，宁夏在地方财政实力较弱的背景下，向受益百姓积极宣传节能改造的好处，调动受益居民积极性，成功筹集改造资金 $10 \sim 25$ 元 $/m^2$，用于室内热计量改造。②对于低收入家庭，各级政府要加大对其经济激励的额度，使其能够顺利实施节能改造、提高居住环境的热舒适度水平。

（三）既有居住建筑节能改造激励方式

综合政府部门和供热企业的动态博弈模型和热用户的经济行为分析部分的内容，现阶段，为了推动既有居住建筑节能改造的顺利开展，政府部门应该采取"胡萝卜＋大棒＋宣传教育"三位一体的经济激励方式，需要注意的是：一是要以激励为主，采取财政补贴、税收优惠等措施，借鉴波兰"谁改造，谁受益"的策略，促使相关主体积极参与到既有居住建筑节能改造中来；二是要加强过程控制，制定一系列的监管措施，确保激励资金的合理、有效使用；三是要加强宣传扩散力度，尤其是要高度重视基层居委会、业主委员会在发动热用户参与既有居住建筑节能改造中的重要作用。

# 第三节　既有居住建筑节能改造经济激励方案设计

## 一、既有居住建筑节能改造适用经济激励政策类型

（一）财政补贴

财政补贴政策是政府通过财政支出方式对投资者实施补贴，直接增加收入从而提高投资收益水平。在既有居住建筑节能改造中，财政补贴方式主要有财政直接补贴和财政贴息两种。财政直接补贴是指政府根据既有居住建筑节能改造工程量、改造标准和改造后达到的效果对节能改造投资者进行直接补贴。财政直接补贴的方式有一次性财政补贴和分期支付财政补贴。财政贴息是指由节能改造企业或个人向银行贷款进行节能改造投资活动，由财政对银行优惠利率与正常利率之间的差额给予补助。

（二）税收优惠

税收优惠是指政府利用税收制度，按预定目的以减轻某些纳税人应履行的纳税义务来补贴纳税人的某些活动或相应的纳税人，是政府通过税收体系进行的支出，因此又称为税式支出。目前，适合在既有居住建筑节能改造领域的税收优惠方式包括：免税、减税、缓税、再投资退税、税额抵扣、投资抵免、亏损结转和加速折旧。

（三）既有居住建筑节能改造专项资金

既有居住建筑节能改造专项资金的来源渠道主要包括：①通过将既有建筑

节能改造列入国家和地方财政预算中，根据每年既有建筑节能改造工作计划，在财政年度预算中列支，统一划拨到建筑节能专项资金中，作为专项资金的稳定来源。②将国债中的一部分资金投入既有居住建筑节能改造专项资金，作为专项资金的辅助来源，在必要时，国家可以发行专项国债为既有居住建筑节能改造筹集资金，以解决建筑节能工作的资金需求。③将征收的墙改基金部分用于既有建筑节能改造。④吸引国际投资。

## 二、既有居住建筑节能改造经济激励方案设计原则

### （一）目标导向性原则

目标导向性原则是指北方地区既有居住建筑节能改造经济激励政策的设计应围绕经济激励目标展开，一切措施都应以调动相关主体的节能改造积极性和培育节能服务市场为目标。

### （二）灵活性原则

灵活性原则是指既有居住建筑节能经济激励政策应能够随着公众节能意识、节能技术和产品、节能投资等因素的变化及政策实施效果的反馈，及时进行调整和修改，不能一成不变。

### （三）有效性原则

有效性原则是指必须确保北方地区既有居住建筑节能改造经济激励政策是有效的，即通过政策的实施能够有步骤、按计划地达到节能阶段性目标，以期最终实现全社会的可持续发展。

### （四）可行性原则

可行性原则是指北方采暖地区既有居住建筑节能改造经济激励方案是可行的，政策的制定应符合市场经济运行机制、适合建筑节能和社会经济发展现状并充分考虑实施过程中可能遇到的风险及解决办法，确保能够顺利推行。

## 三、既有居住建筑节能改造经济激励方案

### （一）既有居住建筑节能改造市场启动阶段的经济激励方案

根据既有居住建筑节能改造的非均衡运行的结论，既有居住建筑节能改造资金来源渠道应以市场化为主，但在既有居住建筑节能改造市场启动阶段，只能通过"政府主导、多方参与"的方式设置"既有居住建筑节能改造专项资金"来推动既有居住建筑节能改造的开展。此外，由于不同的改造模式，涉及的主

要主体不同、建筑物的年代和结构形式不同、当地热工条件不同、居民的收入水平不同，所以相应的经济激励方案也不同。

1. 既有居住建筑节能改造成本分析

（1）包头市口岸花苑小区既有居住建筑节能改造成本分析

包头市口岸花苑小区 5 号楼，建设于 1999 年，外墙为 90mm 空心砖搭建而成，建筑窗户为双层钢窗。小区二次网供水管道保温采用 5cm 厚聚氨酯，回水管道采用 4cm 厚聚氨酯，保温效果良好。管网供热半径 200m 左右。口岸花苑小区采取大型锅炉房集中供热，锅炉房共有"4 台 58MW 循环流化床锅炉、4 台 29MW 链条炉"。口岸花苑小区供热热源为阿东热源厂，阿东热源厂包括物资局热力站一、二期和小区热力站三期（表 5-3）。各热力站内均采用固定转速的循环水泵，没有流量和温度自动控制设备。

阿东热源厂下辖热力站情况表      表 5-3

| 项　目 | 换热器 | | | 循环水泵 | | |
|---|---|---|---|---|---|---|
| | 型号 | 数量（台） | 流量（t/h·台） | 扬程（m） | 数量（台） | 使用状况 |
| 物资局热力站一期 | BR1.0 - 618 | 2 | 200 | 32 | 2 | 一用一备 |
| 物资局热力站二期 | A0.55 - 192 | 2 | 200 | 27 | 2 | 一用一备 |
| 物资局热力站三期 | BR0.6 - 60 | 2 | 200 | 32 | 2 | 一用一备 |

包头口岸花苑小区 5 号楼、口岸小区热力站和阿东热源厂局部改造为世界银行示范项目，由包头市热力总公司作为示范项目的实施主体，其改造成本如表 5-4 所示。

（2）宁夏回族自治区吴忠市朝阳家园改造项目成本分析

吴忠市朝阳家园 2 号楼、6 号楼建于 2001 年，建筑面积约 $7787.85m^2$。住宅楼均为 5 层砖混结构，外墙为 370mm 黏土多孔砖，屋面为 200mm 厚的加气混凝土带保温层，外窗为平开彩钢窗，室内采暖系统为下供下回式，原建筑物耗能指标为 $34W/m^2$。朝阳家园 2 号楼、6 号楼的节能改造由吴忠市供热公司作为实施主体，其改造成本如表 5-5 所示。

6 号楼通过节能改造后，建筑物能耗量指标由原来的 $33.9W/m^2$ 降低至 $20.8W/m^2$，已能够达到节能 50% 的要求。部分住户由于室内温度高，还需开窗。

（3）既有居住建筑节能改造成本分析

通过包头市口岸花苑小区既有居住建筑节能改造成本和宁夏回族自治区

包头市口岸花苑小区既有居住建筑节能改造成本　　　　表 5-4

| 改造方案类型 | 改造内容 | 改造成本 |
|---|---|---|
| 5 号楼围护结构和室内供热系统改造 | (1) 5 号楼的屋顶加装外保温层 | 20 元 /m² |
| | (2) 5 号楼的楼门更换为保温门 | 3000 元 / 门 |
| | (3) 5 号楼的室内供热系统改造 | 20 元 /m² |
| 口岸小区热计量改造 | (1) 口岸小区第四期安装温控阀 | 94 万元 |
| | (2) 口岸小区安装热计量表 | |
| 阿东热源厂及口岸小区的热源热网改造 | (1) 口岸小区的二次管网平衡调节改造 | 2 元 /m² |
| | (2) 阿东热源厂及口岸小区的循环水泵变频装置改造 | 137.6 万元 |
| | (3) 阿东热源厂循环水泵改造 | 200 万元 |
| 阿东热源厂供热系统量化管理 | (1) 采用自动控制系统，实行量化管理 | — |
| | (2) 有条件时，更换高效率循环水泵 | — |
| | (3) 有条件时，鼓、引风机采用变频调节技术 | — |

吴忠市朝阳既有居住建筑节能改造成本　　　　表 5-5

| 改造方案类型 | 改造内容 | 改造成本 |
|---|---|---|
| 热源改造 | (1) 锅炉房循环泵改造成变频变流量系统，实现自动调节 | 5 元 /m² |
| | (2) 换热站循环泵改造成变频变流量系统，实现自动调节 | |
| 供热管网平衡改造 | (1) 热源出口安装计量装置 | 10 元 /m² |
| | (2) 小区入口安装计量装置 | |
| | (3) 楼栋入口安装计量装置 | |
| | (4) 用户安装计量装置 | |
| 室内分户计量改造 | (1) 2 号、6 号实施热计量及温控改造 | 45 元 /m² |
| | (2) 楼梯间安装热计量分配系统控制器 | |
| 6 号楼外围护结构改造 | (1) 外墙加贴 50mm 厚聚苯板保温层 | 190 元 /m² |
| | (2) 阳台加贴 50mm 厚聚苯板保温层 | |
| | (3) 楼梯间加贴 20mm 厚 EPS 板 | |
| | (4) 单层彩钢窗更换为塑钢中空双层玻璃窗 | |
| | (5) 屋面增加 60mm 聚苯板保温层 | |
| | (6) 更换单元门及楼梯间外窗 | |

吴忠市朝阳家园既有居住建筑节能改造成本的分析，验证了既有居住建筑节能改造的单位面积增量成本约为 250～350 元 /m² 的结论。根据示范项目的经验，既有居住建筑节能改造各部分改造内容的增量成本分别为：屋面改造 20元 /m²、外墙外保温 100 元 /m²、门窗改造 80～100 元 /m²、室内供热系统改造 20 元 /m²、安装计量装置 10 元 /m²、热源改造 5 元 /m²。需要说明的是由于包头市口岸花苑小区既有居住建筑节能改造项目和宁夏回族自治区吴忠市朝阳家园既有居住建筑节能改造项目都属于示范工程，所以，采用的保温材料、计量仪器等主要为进口产品，价格较高，如采用国内产品，改造成本能有一定的降低。

2. 围护结构改造模式经济激励方案

（1）改造对象

建设于 20 世纪 80～90 年代的老旧建筑，建筑结构多为砖混结构且墙体较薄，围护结构热工性能很差，外墙多为清水墙，防水性能很差。但是我国多数地区冬季相对湿度较大，部分地区甚至超过了 70%，其结果：一方面使得建筑物室内结霜、结露现象严重；另一方面由于热湿耦合的影响，使得外墙的传热系数大大增加，导致围护结构的热工性能进一步恶化。此外，这类建筑中的居民大多数都属于城市低收入家庭，亟须提高居住的室内舒适度。该改造模式适用的典型城市包括哈尔滨、乌鲁木齐等冬季湿度较大的城市。

（2）改造技术体系

一是透明围护结构改造，主要措施包括：更换节能门窗，以降低其传热系数和提高其气密性；安装自闭式保温入楼门，在严寒地区建筑物单元入口加设门斗，安双层门。二是非透明围护结构改造，主要措施包括：修补屋面的防水层；在清水外墙面薄抹灰；建筑地面处进行防潮处理。

（3）经济激励方案

根据有关资料显示，围护结构节能改造的增量投资可细分为：门窗改造增量投资 80～100 元 /m²、外墙保温改造 100 元 /m²、屋顶防潮保温改造 20 元 /m²；围护结构节能改造模式主要涉及中央政府、地方政府、热用户等主体，而根据第三章第二节的研究结论可知，热商品的价格、热用户的收入、热用户的偏好是影响热用户消费决策的最关键的影响因素。

根据第四章第一节的研究结论，在北方采暖地区供热市场领域，供热行业具有自然垄断性，热价无法通过市场自由竞争形成，只能通过政府模拟市场机制进行管理，变化迟钝，导致价格体系无法及时地反映最优商品转换比率和要素相对稀缺程度，造成热资源配置失效；因此政府必须对热价管理制度实施创新，具体措施包括：①公开热价构成，加强政府对热价的监督管理；②按照供热形式的不同，选取合理的定价模式；③实施经济激励，促进供热价格合理化；④深化供热企业体制改革，建立现代企业制度。

根据第五章第二节的研究结论可知，宣传教育是提高热用户参与既有居住建筑节能改造积极性的重要手段之一，尤其是对于个人可支配收入处于中等偏上水平的家庭；而对于低收入家庭，各级政府要加大对其经济激励的额度。

综合以上几点，"既有居住建筑节能改造专项资金"的主要筹集渠道应该是：中央财政、地方财政、热用户。具体的出资方式如表5-6所示。

围护结构节能改造增量投资资金来源　　　　　　　　　　　表5-6

| 改造内容 | 增量成本 | 专项资金来源 |
|---|---|---|
| 门窗改造 | 80 ～ 100 元 /m² | 地方财政 100% + 热用户 0%（低保收入家庭） |
| | | 地方财政 50% + 热用户 50%（普通收入家庭） |
| | | 地方财政 25% + 热用户 75%（高收入家庭） |
| 外墙保温 | 100 元 /m² | 中央财政 50%+ 地方财政 30%+ 住宅专项维修资金 20% |
| 屋面改造 | 20 元 /m² | 中央财政 50%+ 地方财政 30%+ 住宅专项维修资金 20% |

3. 计量改造模式经济激励方案

（1）改造对象

建设于 20 世纪 90 年代的建筑，围护结构热工性能较好，外墙多采用抹灰、瓷砖等饰面。随着全球气候变暖，我国北方采暖地区冬季室外温度较过去有所升高，尤其是在我国寒冷地区，采暖期绝大多数时间室内温度都超过冬季室内设计温度的国家标准，有的建筑室内温度甚至高出冬季室内设计温度近 10℃，这一方面说明该部分地区供热水平提高的因素，同时也说明该地区这一时期建造的建筑围护结构的热工性能较好，在不对围护结构进行保温改造的情况下，采用热计量也可取得相当的节能效果。但是，透明围护结构导致的热损失占整个围护结构热损失的比例很大，也应予以改造。该改造模式适用的典型城市包括济南、郑州等寒冷地区的城市。

（2）改造技术体系

一是透明围护结构改造，主要措施包括：更换原有不节能的单层木窗、单层空腹（实腹）钢窗为双层塑钢中空玻璃窗，以降低窗户的传热系数和提高气密性；更换自闭式保温入楼门。二是供热计量装置安装，主要措施包括：安装调节装置、计量装置、加装跨越管将混合串联系统或改造成分户成环的并联系统，此外，根据供热系统管件、阀门、末端散热器以及保温材料的锈蚀和破损程度，酌情考虑更换。

（3）经济激励方案

根据有关资料显示，热计量节能改造模式的增量投资可细分为：门窗改造增量投资 80 ～ 100 元 /m²、安装温控阀 100 ～ 200 元 / 个、室内供热系统改造 20 元 /m²、安装计量装置 10 元 /m²。

热计量节能改造模式主要涉及中央政府、地方政府、供热企业、热用户等主体，根据第三章第二节研究结论可知，个人可支配收入、个人偏好、热商品价格及不同供热企业提供的热商品价格之比是影响热用户消费决策的主要影响因素；根据第五章第二节的研究结论可知，经济效益是影响供热企业生产决策的最关键影响因素。因此，针对热计量改造模式的特点，专项资金的主要筹集渠道应该是：中央财政、地方财政、供热企业和热用户。具体的出资方式如表 5-7 所示。

**热计量节能改造增量投资资金来源**　　　　表 5-7

| 改造内容 | | 增量成本 | 专项资金来源 |
|---|---|---|---|
| 透明围护结构改造 | 门窗改造 | 80 ～ 100 元 /m² | 地方财政 100% ＋热用户 0%（低保收入家庭） |
| | | | 地方财政 50% ＋热用户 50%（普通收入家庭） |
| | | | 地方财政 25% ＋热用户 75%（高收入家庭） |
| 供热计量装置安装 | 安装温控阀 | 100 ～ 200 元 / 个 | 中央财政 50%＋ 供热企业 50% |
| | 室内供热系统改造 | 20 元 /m² | 中央财政 50% ＋供热企业 50% |
| | 安装热计量装置 | 10 元 /m² | 中央财政 50% ＋地方财政 50% |

4.供热系统改造模式经济激励方案

（1）改造对象

自从我国实施建筑节能标准，尤其是二步节能标准以来，20 世纪 90 年代末到现在，已建成大量的符合节能标准的建筑，但却没有对供热系统采取相应的计量措施，导致此类建筑并没有实现预期节能目标。因此，为进一步推进供热计量工作的进行，针对近些年建成的节能建筑，提出该种改造模式。该改造模式适用于任何北方采暖地区中的节能建筑。

（2）改造技术体系

一是安装调节装置，主要措施包括：换热站的调节装置的安装，可根据供热系统的形式确定合适的调节策略，安装相应类型的调节装置；楼栋热力入口安装自力式和手动平衡阀以及相应的仪表，平衡阀的类型可根据楼内供热系统形式确定；末端散热器安装温度控制阀。二是安装计量装置，主要措施包括：末端用户的热计量装置，可根据楼内供热系统的形式确定；热力入口处的热计量装置，根据系统形式选择安装在楼栋入口还是小区换热站处或两处都安装。

（3）经济激励方案

根据有关资料显示，供热系统节能改造的增量投资可细分为：安装温控阀10元/m²、安装计量装置20元/m²、换热站安装调节装置、热力入口处安装计量装置和平衡阀等合计20元/m²。

供热系统节能改造模式主要涉及中央政府、地方政府、供热企业、热用户等主体，由于该模式中与热用户有关的改造内容主要为安装热计量装置，所以，专项资金的主要筹集渠道应该是：中央财政、地方财政、供热企业。具体的出资方式如表5-8所示。

**供热系统节能改造增量投资资金来源**　　　　　　表5-8

| | 改造内容 | 增量成本 | 专项资金来源 |
|---|---|---|---|
| 供热计量装置安装 | 末端安装温控阀 | 100～200元/个 | 中央财政50%+供热企业50% |
| 供热管网热平衡改造 | 末端安装热计量装置 | 10元/m² | 中央财政50%+地方财政50% |
| | 换热站调节装置 | | 中央财政50%+供热企业50% |
| | 热力入口热计量装置 | | |
| | 热力入口安装平衡阀 | | |

5. 区域化改造模式经济激励方案

（1）研究对象

我国北方采暖地区城市供暖是以集中供热系统为主，系统规模大（单个系统往往供热面积上百万、甚至上千万平方米），热惰性大，城市管网的运行水平较低，管网不平衡十分严重。如果这些问题没有解决，末端进行的节能改造就无法使得整个供热系统实现节能，热计量实现的经济效益也难以实现。因此，有必要站在整个供热系统的角度选择以区域锅炉房为热源的供热系统，从热源、管网和末端用户全过程研究区域化的既有居住建筑节能改造问题。

（2）改造技术体系

一是围护结构改造，主要措施包括：外墙保温、门窗改造、屋面改造等。二是小区供热系统改造，主要措施包括：安装调节装置、安装计量装置、室内供热系统改造等。三是增加建筑使用功能的改造。四是热源系统改造，主要措施包括：热源侧量化管理、提高锅炉的运行效率、降低循环系统的能耗等。

（3）经济激励方案

区域化改造模式涉及相关主体较多，应该形成一种"政府主导，多方参与"的专项资金筹集模式。具体的出资方式如表5-9所示。

区域化改造模式增量投资来源　　　　　　　　表5-9

| 改造内容 | | 增量成本 | 专项资金来源 |
|---|---|---|---|
| 围护结构改造 | 门窗改造 | 80～100元/m² | 地方财政100%＋热用户0%（低保收入家庭） |
| | | | 地方财政50%＋热用户50%（普通收入家庭） |
| | | | 地方财政25%＋热用户75%（高收入家庭） |
| | 外墙保温 | 100元/m² | 中央财政50%＋地方财政30%＋住宅专项维修资金20% |
| | 屋面改造 | 20元/m² | 中央财政50%＋地方财政30%＋住宅专项维修资金20% |
| 供热计量装置安装 | 安装温控阀 | 100～200元/个 | 中央财政50%＋供热企业50% |
| | 室内供热系统改造 | 20元/m² | 中央财政50%＋供热企业50% |
| | 安装热计量装置 | 10元/m² | 中央财政50%＋地方财政50% |
| 热源及供热管网热平衡改造 | 热源侧量化管理 | 5元/m² | 中央财政50%＋供热企业50% |
| | 提高锅炉运行效率 | | |
| | 降低循环系统能耗 | | |
| 其他相关节能改造 | 重新划分内部空间 | — | |
| | 室内局部改造 | — | |
| 专项资金的其他可能筹集渠道 | | ➢申请可再生能源利用的奖励资金<br>➢征收燃油税，申请转移支付<br>➢墙改基金<br>➢申请能源利用超定额加价部分<br>➢节能服务公司，采取"合同能源管理模式"运行<br>➢碳汇融资，售卖温室气体排放权 | |

（二）既有居住建筑节能改造市场形成阶段的经济激励方案

在既有居住建筑节能改造市场成长阶段，相关主体参与既有居住建筑节能改造的积极性变得高涨，供热企业积极参与既有居住建筑节能改造，各种投机性资金也试图进入既有居住建筑节能改造市场。此时，政府部门应该采取的激励方案为：

1. 财政支持

具体方案为：①中央财政设立"既有居住建筑节能改造研究专项基金"，以科研经费的形式鼓励相关主体从事以下工作：一是研究既有居住建筑节能改造技术，比如外墙外保温技术、可再生能源利用技术、燃煤锅炉"煤改气"技术、供热管道保温及防老化技术等，并形成既有居住建筑节能改造技术体系目录；②开发节能产品，比如新型墙体材料、Low-E 玻璃等，并形成既有居住建筑节能产品目录；③资助建立既有居住建筑节能技术产品认证机构，认证机构根据产品检验结果和工厂审查结论进行综合评价，然后发布既有居住建筑节能技术产品推荐使用目录；④搭建既有居住建筑节能技术产品推广平台，通过开展技术产品博览会、业务洽谈会等各种形式，推动既有居住建筑节能技术产品的推广；⑤地方政府制定《既有居住建筑节能改造贷款担保管理暂行办法》，地方财政出资组建担保有限责任公司，向既有居住建筑节能改造开发企业提供融资担保和再担保业务，吸引商业银行、国家开发银行及外资银行将资金投资给既有居住建筑节能改造开发企业，帮助既有居住建筑节能改造开发企业解决融资难的问题，并逐渐形成股权融资、债券融资、项目融资、商业性贷款、内源融资等市场化投融资模式百花齐放的局面。

2. 税收优惠

主要是按照"具体问题具体对待"的原则，对既有居住建筑节能改造企业提供免税、减税、缓税、再投资退税、税额抵扣、投资抵免、亏损结转和加速折旧等税收优惠措施。

（三）既有居住建筑节能改造市场成熟阶段的经济激励方案

在既有居住建筑节能改造市场成熟阶段，市场成为既有居住建筑节能改造的主导力量。此时，政府部门应该采取的经济激励方案应该包括三大方面：

（1）增加"既有居住建筑节能改造研究专项基金"的额度和覆盖面，推动与既有居住建筑节能改造相关的技术创新、产品创新、管理创新的开展。

（2）通过对建筑规划设计单位、材料设备供应商、施工单位、监理单位、物业管理单位等既有居住建筑节能改造辅助单位的激励，制定更加详尽、严格的既有居住建筑节能改造开发标准，形成全面、完善的既有居住建筑节能改造监管制度。

（3）在不违反 WTO 贸易规则的前提下，建议政府部门采取恰当措施，帮助我国既有居住建筑节能改造开发商走向国际市场：①对外国既有居住建筑节能改造开发商加征一定额度的税款；②对我国既有居住建筑节能改造开发企业给予一定额度的进出口补贴；③简化我国既有居住建筑节能改造开发企业进出口业务的办理程序。

# 参考文献

[1] 清华大学建筑节能研究中心. 中国建筑节能年度发展研究报告 2009[M]. 北京：中国建筑工业出版社，2009（1）：2-4，19，8，15-17.

[2] 崇功. 供热工 [M]. 北京：化学工业出版社，2007（10）：54，56，58，59，60-63，94-135，83.

[3] 梁小民. 西方经济学教程 [M]. 北京：中国统计出版社，1998（3）：3-5.

[4] 厉以宁. 非均衡的中国经济 [M]. 广州：广东经济出版社，1998：3-4.

[5] 高鸿业. 西方经济学 [M]. 北京：中国人民大学出版社，2000（2）：22，22-23，210-211，351-352+355，355-363，355-356，374-375，384-399.

[6] 左玉辉. 环境经济学 [M]. 北京：高等教育出版社，2003（1）：91.

[7] 俞海山，周亚越. 消费外部性：一项探索性的系统研究 [M]. 北京：经济科学出版社，2005：38，39，41，45-52.

[8] 李春根，廖清成. 公共经济学 [M]. 武汉：华中科技大学出版社，2007（1）：96-97.

[9] 武涌，龙惟定. 建筑节能管理 [M]. 北京：中国建筑工业出版社，2009:77.

[10] 俞文钊. 当代经济心理学 [M]. 上海：上海教育出版社，2004：102，39，276.

[11] 国务院法制办农业资源环保法制司，住房和城乡建设部法规司，建筑节能与科技司. 民用建筑节能条例释义 [M]. 北京：知识产权出版社，2008（1）：301.

[12] 国家统计局. 中国统计年鉴 2016[M]. 北京：中国统计出版社，2016.

[13] 杜伟. 企业技术创新激励制度论 [D]. 四川大学，2002:20-21.

[14] 王应静. 基于路径依赖理论的中国企业家激励机制研究 [D]. 南京理工大学，2005：27.

[15] 刘玉明. 既有居住建筑节能改造经济激励政策研究 [D]. 北京交通大学：125.

[16] 刘越，Jerry Phelan，George Pavlovich，Eric Ma. 美国既有建筑物小坡度屋面节能改造效益与环境分析 [J]. 建设科技，2010（1）：50-53.

[17] 贾瑞英. 旧有建筑外墙保温改造的经济效益分析 [J]. 低温建筑技术，2005（4）：87-88.

[18] 李永华，田安国，万峰，尚保亮. 胶粉聚苯颗粒保温砂浆在既有建筑节能改造方面的经济效果分析 [J]. 淮海工学院学报（自然科学版），2006，15（3）：70-73.

[19]  姚浩, 李宏, 冯鑫. 改进费用——效益分析模型在既有建筑改造决策中应用研究 [J]. 建筑管理现代化, 2008 (4)：52-54.

[20]  王肖芳, 张亮. 重庆市既有住宅节能改造经济效益研究 [J]. 建筑经济, 2008 (11)：97-99.

[21]  刘金珠, 赵冰, 陈清超. 中国既有建筑节能改造的效益分析 [J]. 河北理工大学学报 (社会科学版), 2009, 9 (2)：55-58, 61.

[22]  白荣顺, 湛文贤. 既有建筑节能改造中围护结构改造方案的经济性分析 [J]. 中国建材, 2007 (9)：82-83.

[23]  赵美娟. 既有供热建筑围护结构节能改造与供热节能 [J]. 中国建筑金属结构, 2008 (8)：11-13.

[24]  李明海, 王薇薇, 许红升. 既有建筑围护结构节能改造技术研究 [J]. 建筑节能, 2009 (1)：1-3.

[25]  白宪臣, 陈天丽, 张改新, 刘怡燕. 既有建筑物平屋顶围护结构节能评估与改造 [J]. 水电能源科学, 2010 (8)：160-161, 42.

[26]  别传佳. 适合热计量的室内供暖系统方案浅析 [J]. 中国建设信息, 2005 (6)：76-79.

[27]  李晓东. 既有住宅采暖系统热计量改造方案 [J]. 建设科技, 2008 (23)：78-79.

[28]  王丽. 平衡阀在供热管网改造中的应用 [J]. 建筑热能通风空调, 2009, 28 (4)：55-58.

[29]  孙清典, 李灿新, 杨学敏. 供热管网热平衡调节技术探讨 [J]. 建筑节能, 2010, 38(7)：21-23.

[30]  董文兵, 殷悦, 张海峰. 沈阳造币厂采暖系统热源改造方案分析 [J]. 山西建筑, 2008 (2)：188-190.

[31]  邵治民, 樊越胜, 惠米清. 陕北某县城集中供热热源改造方案探讨 [J]. 建筑热能通风空调, 2010, 29 (1)：95-96+68.

[32]  陈芬, 黄俊鹏. 我国建筑节能市场分析 [J]. 能源技术, 2004, 25 (2)：69-71.

[33]  田芯. 建筑节能改造将带来两万亿元投资市场 [J]. 工程建设, 2006 (6)：39.

[34]  李东芳, 何红峰. 建筑节能市场机制分析 [J]. 建筑经济, 2006 (6)：85-88.

[35]  穆昊明. 我国建筑节能市场现状及产业状况分析 [J]. 商业时代, 2009 (28)：113-114.

[36]  王晓静. 民用建筑：节能市场失灵分析 [J]. 城市住宅, 2010 (Z1)：116-117.

[37] 李丹阳. 合同能源管理撬动 3000 亿节能市场 [J]. 中国电力教育, 2010 (20)：69-71.

[38] 戎生灵, 李怀马, 任娟. 论两种含义的社会必要劳动时间与资源配置和资源利用的关系 [J]. 宁夏社会科学, 2002 (2)：48-50.

[39] 王洪波, 梁俊强. 建筑节能服务公司的信息传递博弈模型 [J]. 暖通空调, 2007 (10)：12-16.

[40] 续振艳, 郭汉丁, 任邵明. 既有建筑节能改造市场的信息不对称分析及对策研究 [J]. 建筑经济, 2009 (6)：94-98.

[41] 尹波, 刘应宗. 建筑节能领域市场失灵的外部经济性分析 [J]. 华中科技大学学报, 2005 (4) :65-68

[42] 张仕廉, 李学征, 刘一. 绿色建筑经济激励政策分析 [J]. 生态经济, 2006 (5)：31-34.

[43] 李娅. 发达国家循环经济财税激励政策实践及启示 [J]. 地方财政研究, 2006 (6)：18-21.

[44] 苏明, 傅志华, 牟岩. 支持节能的财政税收政策建议 [J]. 经济研究参考, 2006 (14)：42-52.

[45] 刘建东. 建立新机制推进供热体制改革 [J]. 吉林电力, 2004 (4)：54-56.

[46] 贾瑞英. 旧有建筑外墙保温改造的经济效益分析 [J]. 低温建筑技术, 2005 (4)：87-88.

[47] 雷大勇, 王莉莉. 外墙外保温和外墙内保温之比较 [J]. 林业科技情报, 2007, 39 (3)：30.

[48] 李寅. 建筑节能之外墙保温方式探讨 [J]. 建筑节能, 2007, 35 (2)：22-23+47.

[49] 张金玲. 北方采暖地区既有居住建筑窗体节能改造措施 [J]. 山西建筑, 2009, 35 (30)：238-239.

[50] 王庆生. 既有建筑节能改造技术要点及技术方案 [J]. 墙体革新与建筑节能, 2004 (6)：37-41.

[51] 杨海平. 旧住宅供热系统分户控制改造分析 [J]. 山西建筑, 2008, 34 (23)：179-180.

[52] 苏春香. 试论锅炉供暖的节能与量化管理 [J]. 内蒙古科技与经济, 2008 (4)：31-32.

[53] 高鹏. 严寒地区供热管网节能潜力分析 [J]. 建设科技, 2007 (Z2)：50-51.

[54] 于力，锡建新，李云飞，高昆生．供热系统循环水泵的选型与节能改造 [J]．内蒙古煤炭经济，2006（4）：80-81.

[55] 田湘峰，高桂英．变频技术在热网循环泵控制改造中的应用 [J]．内蒙古科技与经济，2010（1）：99-100.

[56] 王庆生，杨丽梅．关于区域室外供热管网常见问题探讨 [J]．山西建筑，2003，29（7）：167-168.

[57] 于洁．供热管网循环水泵的曲线拟合 [J]．北京交通大学学报，2002，26（4）：106-109.

[58] 姜润宇．供热体制改革目标和完善供热价格管理的思考 [J]．供热制冷，2003（5）：17-21.

[59] 朱凯．浅论我国城市供热体制改革 [J]．能源与环境，2006（6）：17-19.

[60] 刘北川．供热体制改革的难点及其发展趋势 [J]．中国住宅设施，2004（1）：1-3.

[61] 雷勇．非均衡经济理论文献综述 [J]．涪陵师专学报，1999（1）：81-85.

[62] 阎利．城市供热采暖价格调整若干问题探讨 [J]．价格月刊，2009（2）：43-44.

[63] 司金銮．中国消费生态环境保护的财税政策研究 [J]．南京化工大学学报（哲学社会科学版），2001（2）：30-34+39.

[64] 向昀，任健．西方经济学界外部性理论研究介评 [J]．经济评论，2002（3）：58-62.

[65] 张宏军．西方外部性理论研究述评 [J]．经济问题，2007（2）：14-16.

[66] 李世涌，朱东恺，陈兆开．外部性理论及其内部化研究综述 [J]．中国市场，2007（31）：117-119.

[67] 张宏军．西方外部性理论研究述评 [J]．经济问题，2007（2）：14-16.

[68] 罗仕俐．外部性理论的困境及其出路 [J]．当代经济研究，2009（10）：26-31.

[69] 沈满洪，何灵巧．外部性的分类及外部性理论的演化 [J]．浙江大学学报（人文社会科学版），2002，32（1）：152-160.

[70] 温晓帆．建立集中供热价格监管机制问题的探讨 [J]．价格理论与实践，2007（3）：29-30.

[71] 张德兰，黄家文，陆晶．新疆城市供热价格改革研究 [J]．应用能源技术，2009（4）：34-36.

[72] 邱仲琴，张莉萍．创新机制，协商定价，共建和谐——西安市首创小区自备锅炉房供热价格协商新机制初见成效 [J]．价格与市场，2009（2）：18-21.

[73] 冯中越，穆慧敏．我国供热产业价格规制的改革研究 [J]．北京工商大学学报（社会

科学版），2006，21（3）:93-97.

[74] 程宏.解读中国供热体制改革的困境 [J].现代物业，2007（15）:6-12.

[75] 周毓辉，张建辉，郭翠娥.城镇集中供热价格与体制改革探讨 [J].价格与市场，2004（4）:24-25.

[76] Chaitkin S. McMahon, J. E. Whitehead, C. D. Van Buskirk, R. and Lutz, J. Estimating marginal residential energy prices in the analysis of proposed appliance energy efficiency standards [A].Proceedings ACEEE Summer Study on Energy Efficiency in Buildings, 2000, 9:9.25 ~ 9.36.

[77] EI-Sharif W. and Horowitz M.J. Why financial promotions work: Leveraging energy efficiency value to promote superior products[A]. Proceedings ACEEE Summer Study on Energy Efficiency in Buildings, 2000:557-567.

[78] Stefanie Grether. The energy saving potential of the existing housing stock in Germany and its policy implications[D]. Department of Social Sciences Wageningen University, 2004.

[79] Beause jour L, Lenjosek. G., Smart M. A CGE approach to modeling carbon dioxide emission control in Canada and the United States[J]. World Economics, 1995, 18（4）: 457-488.

[80] Jing Liang, Baizhan Li, Yong Wu, et al. An investigation of the existing situation and trends in building energy efficiency management in China[J]. Energy and Building, 2006（12）:1-9.

[81] John Asafu-Adjaye. The relationship between energy consumption, energy prices and economic growth:time series evidence from Asian developing countries[J]. Energy Economics, 2000（6）:615-625.

[82] Michael T. Toman & Barbora Jemelkova. Energy and Economic Development:An Assessment of the State of Knowledge[J].The Energy Journal, International Association for Energy Economics, 2003, 24（4）:93-112.

[83] Coase Ronald. The Problem of Social Cost[J]. The Journal of Law and Economics, 1960（10）:3.

[84] C.J.Cleverland, R.Costanza, C.A.S.Hall and R.K.Kaufmann. Energy and the US Economy: A Biophysical Perspective[J]. Science, 1984,225（7）:890-897.

[85] Peterson, S.R. Retrofitting existing housing for energy conservation:an economic

analysis[J].National Bureau of Standards, Building Science Series, 1974: 70.

[86] Armuth, A. and Szoke, K. Economic evaluations concerned with energy conserving improvements of the building envelope. Some Hungarian examples [J]. Building Research World Wide, Proceedings of the 8th CIB Triennial Congress. Volume 1a:Key-note Papers, Invited Papers and Submitted Papers, 1980: 256-260.

[87] Buffington, D.E. Economic of energy conservation in cooling/heating residential buildings [J]. American Society of Agricultural Engineers, 1977: 17.

[88] Hirst, E.and Carney, J.Federal residential energy conservation progress: an analysis[J]. Energy (Stamford, Connecticut) ,v 2, n 3, Summer, 1977: 24-28.

[89] Bessler, W.F.and Bao C.H. Economics of solar-assisted heat pump heating systems for residential use[J]. Electric Power Research Institute (Report) EPRI EA, 1979: 767-771.

[90] Noll, S. and Wray, W.O. Microeconomic approach to passive design: performance, cost, optimal sizing and comfort analysis[J]. Energy (Oxford) , 1979 (8): 575-591.

[91] Rabl, A. Optimizing investment levels for energy conservation[J]. Energy Economics, 1985 (10): 259-264.

[92] Zafer Utlu, Arif Hepbasli. A study on the evaluation of energy utilization efficiency in the Turkish residential-commercial sector using energy and energy analyses[J]. Energy and Buildings, 2003 (35): 1145-1153.

[93] G..M. Wallner, R.M. Lang, H. Schobermayr, H. Hegedys, R. Hausner. Development and application demonstration of a novel polymer film based transparent insulation wall heating system[J]. Solar energy Materials &Solar Cells, 2004 (84): 441-457.

[94] Atli Benonysson, Benny Bohm, Hans F. Ravn. Operational optimization in a district heating system[J]. Energy Conver. Mgmt.1995, 36 (5): 297-314.

[95] Helge V. Larsen, Benny Bohm, Michael Wigbels. A comparison of aggregated models for simulation and operational optimization of district heating networks[J]. Energy Conversion and Management. 2004 (45): 1119-1139.

[96] Branislav Jacimovic, Branislav Zivkovic, Srbislav Genic, Predrag Zekonja. Supply water temperature regulation problems in district heating network with both direct and indirect connection[J]. Energy and Building, 1998 (28): 317-322.

[97] J.M. Beer. Combustion technology developments in power generation in response to

environmental challenges[J]. Progress in Energy and Combustion Science, 2000 (26):
301-327.

[98]  G. Heyena, B. Kalitventze. A comparison of advanced thermal cycles suitable for upgrading existing power plant[J]. Applied Thermal Engineering, 1999 (19): 227-237.

[99]  Bert Rukes, Robert Taud. Status and perspectives of fossil power generation[J]. Energy, 2004 (29): 1853-1874.

[100]  Z. Liao a, A.L. Dexter b. The potential for energy saving in heating systems through improving boiler controls[J]. Energy and Buildings, 2004 (36): 261-271.

[101]  J.P. Painuly, H. Park, M.-K. Lee, J. Noh. Promoting energy efficiency financing and ESCOs in developing countries: mechanisms and barriers[J]. Journal of Cleaner Production, 2003 (11): 659-665.

[102]  Edward Vine. An international survey of the energy service company (ESCO) industry[J]. Energy Policy, 2005 (33): 691–704.

[103]  Paolo Bertoldi, Silvia Rezessy, Edward Vine. Energy service companies in European countries: Current status and a strategy to foster their development [J]. Energy Policy, 2006 (34): 1818-1832.

[104]  Mahlia T M I, Masjuki H H, Choudhury I A. A theory on energy efficiency standards and labels[J]. Energy Conversion and Management, 2002, 43 (6): 1985-1997.

[105]  Casals X G, Analysis of building energy regulation and certification in Europe:Their role,limitations and differences[J]. Energy and Buildings, 2006, 38: 381-392.

[106]  Banerjee A, Solomon B D, Eco-labeling for energy efficiency and sustainability: a meta-evaluation of US programs[J]. Energy Policy, 2003, 31:109-123.

[107]  Sammer K, Wüstenhagen R. The Influence of Eco-Label on Consumer Behavior– Results of a Discrete Choice Analysis for Washing Machines[J]. Business Strategy and the Environment, 2006, 15: 185-199.

[108]  Mahlia T M I, Masjuki H H, Choudhury I A, et, al. Economical and environmental impact of room air conditioners energy labels in Malaysia[J]. Energy Conversion and Management, 2002, 43: 2509–2520.

[109]  Mahlia T M I. Methodology for predicting market transformation due to implementation of energy efficiency standards and labels[J]. Energy Conversion and

Management, 2004, 45: 1785-1793.

[110]  John, A, R, Peeehenino. An over lapping generations model of growth and the environment, Economics Journal[J]. 1994 (104): 1393-1411.

[111]  Ono T. Optimal taxs ehemes and the environmental externality[J]. Eeonomie Letters 1996 (53): 283-289.

[112]  Choi M.K. and Morehouse J.H. Thermal and economic assessment of ground-coupled storage for residential solar heat pump systems[J]. American Society of Mechanical Engineers (Paper), n 80-WA/Sol-10, 1980: 10.

[113]  Amstalden R.W., Kost M., Nathani C. and Imboden D.M. Economic potential of energy-efficient retrofitting in the Swiss residential building sector: The effects of policy instruments and energy price expectations[J]. Energy Policy, 2007 (3): 1819-1829.

[114]  Bob Crabtree, Neil Chalmers and David Eiser. Voluntary incentive schemes for farm forestry: uptake, policy effectiveness and employment impacts[J]. Institute of Chartered Foresters. 2001 (5) :455-465.

[115]  Philippe Menanteau, Dominique Finon and Marie-Laure Lamy. Prices versus quantities: choosing policies for promoting the development of renewable energy[J]. Energy Policy, 2003 (31): 799-812.

[116]  W.L. Lee and F.W.H. Yik. Regulatory and voluntary approaches for enhancing building energy efficiency[J]. Progress in Energy and Combustion Science. 2004 (30): 477-499.

[117]  Jamal O. Jaber, Rustom Mamlook and Wa'el Awad, Evaluation of energy conservation programs in residential sector using fuzzy logic methodology[J]. Energy Policy, 2005 (33): 1329-1338.

[118]  Ryan H. Wiser, Using contingent valuation to explore willingness to pay for renewable energy: a comparison of collective and voluntary payment vehicles[J]. Ecological Economics, 2007 (62): 419-432.

[119]  Alexis L.Motto, Antonio J. Gonejo. On walrasian equilibrium for pool-based electricity markets[J]. Ieee Transactions on Power Systems, 2002, 17 (8) :774-782.

[120]  Kostas A. Despotakis and Anthony C. Fisher. Energy in a regional economy: A computable general equilibrium model for california[J]. Journal of Environmental Economics and Management,1988 (15) :313-330.

[121] Christoph Bohringer, Carsten Helm. Fair division with general equilibrium effects and international climate politics[J]. ZEW Discussion Paper, 2001（11）:1-67.

[122] Decanio S.I. Barriers within firms to energy-efficient investments[J], Energy Policy, Vol.21, 1993（8）: 906-914.

[123] Winett and Richard. Behavioral Science and Energy Conservation: Conceptualizations, Strategies, Outcomes, Energy PolicyApplications[J]. Journal of Economic Psychology, 1983（3）: 203-229.

[124] Henri L.F de Groot, Erik T. Verhoef and Peter Nijkamp. Energy saving by firms: decision-making, barriers and policies[J]. Energy Economics, 2001, 23（6）: 717-740.

[125] Rosa, Eugene A, Gary E.Machlis and Kenneth M.Keating. Energy and Society[J]. Annual Review of Sociology, 1988, 14（1）: 149-172.

[126] Jorgen Sjodin. Modelling The impact of energy taxation[J]. International Journal of Energy Research, 2002, 26（4）:475-494.